Wiebke Sittel

Entwicklung und Optimierung des Diffusionsschweißens von ODS Legierungen

**Schriftenreihe
des Instituts für Angewandte Materialien**
Band 33

Karlsruher Institut für Technologie (KIT)
Institut für Angewandte Materialien (IAM)

Eine Übersicht über alle bisher in dieser Schriftenreihe erschienenen Bände
finden Sie am Ende des Buches.

Entwicklung und Optimierung des Diffusionsschweißens von ODS Legierungen

von
Wiebke Sittel

Dissertation, Karlsruher Institut für Technologie (KIT)
Fakultät für Maschinenbau
Tag der mündlichen Prüfung: 28. Januar 2014

Impressum

 Scientific
Publishing

Karlsruher Institut für Technologie (KIT)
KIT Scientific Publishing
Straße am Forum 2
D-76131 Karlsruhe

KIT Scientific Publishing is a registered trademark of Karlsruhe
Institute of Technology. Reprint using the book cover is not allowed.

www.ksp.kit.edu

Print on Demand 2014

ISSN 2192-9963
ISBN 978-3-7315-0182-4
DOI: 10.5445/KSP/1000038960

Entwicklung und Optimierung des Diffusionsschweißens von ODS Legierungen

Zur Erlangung des akademischen Grades

Doktor der Ingenieurwissenschaften

der Fakultät Maschinenbau

Karlsruher Institut für Technologie (KIT)

genehmigte

Dissertation

von

Dipl.-Ing. Wiebke Sittel
aus Braunschweig

Tag der mündlichen Prüfung: 28. Januar 2014

Hauptreferent: Priv.-Doz. Dr.-Ing. Jarir Aktaa
Korreferent: Prof. Dr.-Ing. Martin Heilmaier

Kurzfassung

Die Anforderungen an Strukturmaterialien für den Einsatz in zukünftigen Kernreaktoren der IV. Generation steigen durch die Bestrebungen effizientere, sicherere und umweltverträglichere Reaktoren zu bauen. Die Herausforderungen liegen dabei vor allem in den Bereichen der Bestrahlungsbeständigkeit, Korrosions- und Oxidationsbeständigkeit sowie der Hochtemperaturfestigkeit. Eine Materialklasse, die diese hohen Anforderungen erfüllt, sind oxiddispersionsverfestigte Chromstähle, deren besondere Eigenschaften durch homogen dispergierte Oxidpartikel erreicht werden.

Eine Herausforderung bei der Verwendung von oxiddispersionsverfestigten Stählen ist das Fügen, da herkömmliche Schmelzschweißverfahren aufgrund der Agglomeration der verfestigenden Partikel zu einer Entfestigung in der Fügenaht führen. Eine Alternative bieten Festkörperschweißverfahren wie das Diffusionsschweißen. In dieser Arbeit wird das Diffusionsschweißen von oxiddispersionsverfestigtem Stahl, mit dem Ziel der Demonstration einer Schweißverbindung ohne Festigkeits- und Zähigkeitsverlust, optimiert.

Die Entwicklung und Optimierung des Diffusionsschweißprozesses von oxiddispersionsverfestigtem Stahl erfolgt simulationsunterstützt, damit die wirkenden Mechanismen während des Diffusionsschweißens besser verstanden werden können und der experimentelle Optimierungsprozess effizienter gestaltet werden kann. Es wird ein neuartiges Diffusionsschweißmodell vorgestellt, welches das besondere Materialverhalten von oxiddispersionsverfestigten Materialien berücksichtigt.

Die Diffusions- und Verformungsprozesse während des Diffusionsschweißens werden numerisch simuliert und die erforderlichen Eingangsparameter in Form von Materialkennwerten und Randbedingungen experimentell bestimmt. Dazu wird das Material im Anlieferungszustand und nach definierten Wärmebehandlungsschritten mechanisch und mikrostrukturell charakterisiert, um den Einfluss der Wärmezufuhr während eines Diffusionsschweißvorgangs zu untersuchen.

Die Optimierung des Diffusionsschweißens erfolgt iterativ durch die mechanische und mikrostrukturelle Charakterisierung des geschweißten Materials und der entsprechenden Anpassung des Modells. Es wird eine erfolgreiche Diffusionsschweißung ohne nennenswerte Festigkeits- und Zähigkeitsverluste in der Schweißnaht gezeigt.

Abstract

To build more efficient, safer and more environmentally compatible reactors, the materials for the future generation IV fission reactors will be subject to even stricter requirements than those for current fission reactors. Major concerns are the resistance against irradiation, corrosion and oxidation as well as high temperatures. One class of materials that combines all those properties are oxide dispersion strengthened chrome steels. The unique properties of this material class are due to homogeneously distributed oxide particles within the steel matrix.

The weldability of oxide dispersion strengthened steel, however, is challenging, as conventional welding techniques cause agglomeration of the oxide particles, which results in decreased strength at the welding seam. Fortunately, solid state bonding techniques, such as diffusion bonding, are viable alternatives. The applicability of the diffusion bonding technique for the welding of oxide dispersion strengthened steel is being determined in this work. The aim is to generate a bonding seam without any loss in toughness and strength throughout the material. Furthermore, to obtain a better understanding of the underlying processes and to optimize the technique more efficiently, a novel simulation model based on the work of Hill and Wallach is developed, which describes the diffusion bonding of oxide dispersion strengthened materials.

Simulation work supports the development and optimization of the diffusion bonding process of oxide dispersion strengthened steel, because of a better understanding of the physical processes and a more efficient optimization process.

The input parameters and boundary conditions are obtained experimentally. Material is characterized mechanically and microstructurally in the as received and heat treated state, respectively, investigate the influence of the temperature during the diffusion bonding process.

This optimization process results in a successful diffusion bond with optimal bonding parameters, without considerable loss in strength and toughness of the welding seam.

Inhaltsverzeichnis

Symbole und Abkürzungen

Symbole

2λ	mittlerer Partikelabstand
Δ	Delta-Operator
δ_B	Grenzschichtlage
δ_S	Oberflächenschichtlage
$\dot{\varepsilon}$	Kriechrate
γ	Grenzflächenenergie
γ_S	Oberflächenenergie
κ	Relaxationsfaktor
∇	Nabla-Operator
Ω	Atomvolumen
Φ	Winkel zwischen einer Korngrenze und der Grenzfläche
ρ	(Massen-)Dichte
ρ_D	Versetzungsdichte
σ	Spannung
σ_O	Orowan Spannung
σ_P	Teilchenhärtungsbeitrag der Spannung
σ_{th}	Schwellspannung
σ_t	tangentiale Druckspannung
$\sigma_t^{'}$	mittlere tangentiale Druckspannung
Θ	Winkel zwischen zwei Gleitlinienpunkten
A_B	Bruchdehnung
A_V	Schlagarbeit
A	materialspezifische Konstante
a	bereits verbundende Fläche der Einheitszelle
$A^{'}$	materialspezifische Konstante
$A_\star$	Stromfläche

a_i	a zum Zeitpunkt i
b	Breite der Einheitszelle
b_v	Burgersvektor
c	Hohlraum der Einheitszelle
c_a	Atomkonzentration
D	Diffusionskoeffizient
D_0	Vorfaktor des Diffusionskoeffizienten
D_B	Korngrenzendiffusionskoeffizient
D_S	Oberflächendiffusionskoeffizient
D_V	Volumendiffusionskoeffizient
f_V	Partikelvolumenanteil
G	Schubmodul
h	Höhe der Ellipse
h_i	h zum Zeitpunkt i
j	Diffusionsstromdichte
K	Fließspannung in reiner Scherung
k_B	Boltzmannkonstante
K_T	Temperaturkoeffizient des Schubmoduls
M	Exzentrizität der Ellipse
n	Spannungsexponent
P	äußere Druckspannung
$p_{V,0}$	Gleichgewichtsdampfdruck
Q	Aktivierungsenergie
R	mittlerer Radius der Ellipse
r	Partikelradius
R_a	arithmetischer Mittenrauhwert
r_A	arithmetischer Mittelwert der Partikelgrößenverteilung
r_c	Krümmungsradius der langen Halbachse der Ellipse
r_h	Krümmungsradius der kurzen Halbachse der Ellipse
r_i	Kurvenradius
R_m	maximale Profiltiefe
r_M	Medianwert der Partikelgrößenverteilung
r_n	Krümmungsradius am Punkt der Entstehung der Korngrenze
$R_{p0,2}$	0.2 % Dehngrenze
R_p	maximale Profilkuppenhöhe
R_y	maximale Profilhöhe
S_A	Standardabweichung der Partikelgrößenverteilung

T	Temperatur	
T_m	Schmelztemperatur	
$\dot{V}$	Volumenstrom	
V	Volumen	
$V_{M,ges}$	Materialvolumen einer Einheitszelle	

Abkürzungen

CCD	engl. charge-coupled device, ladungsträgergekoppelte Schaltung
DBTT	engl. ductile to brittle transition temperature, spröd-duktile Übergangstemperatur
EDX	engl. energy dispersive X-ray spectroscopy, energiedispersive Röntgenspektroskopie
FIB	engl. focused ion beam, fokussierter Ionenstrahl
GAR	engl. grain aspect ratio, Kornstreckungsverhältnis
kfz	kubischflächenzentriert
krz	kubischraumzentriert
ODS	engl. oxide dispersion strengthened, oxiddispersionsverfestigt
REM	Rasterelektronenmikroskop
STEM	engl. scanning transmission electron microscopy, abrasternde Transmissionselektronenmikroskopie
TEM	Transmissionselektronenmikroskop
TZM	Titan-Zirkon-Molybdän
YAG	Yttriumaluminiumoxid Granat
YAP	Yttriumaluminiumoxid Perovskit

1 Einleitung

1.1 Motivation

Die Energieversorgung kann auf vielfältige Arten erfolgen, neben der Entwicklung von regenerativen Energieversorgungskonzepten ist auch die Kernenergie weiterhin zukunftsträchtig. Hierbei wird sowohl an Spaltungs- als auch an Fusionsreaktoren geforscht [1]. Zudem soll die Effizienz der Reaktoren gesteigert und die Sicherheit erhöht werden [2]. Die untersuchten Reaktorkonzepte erfordern hohe Beständigkeiten gegen neuartige Kühlmittel für Hochtemperaturkreisläufe, hohe Bestrahlungsbeständigkeiten und gleichzeitig hohe, dauerhafte Hochtemperaturstabilitäten [3].

Eine mögliche Materialklasse, die diese Anforderungen erfüllt, sind die ferritischen oxiddispersionverfestigten Chrom Stähle [4]. Oxiddispersionverfestigte Stähle zeichnen sich durch homogen in der Stahlmatrix verteilte Oxidpartikel aus, die einen Durchmesser von einigen zehn Nanometern haben und dispersionsverfestigend wirken. Aus diesem Grund weisen sie eine extrem hohe Warmfestigkeit auf, sodass Versetzungen auch bei sehr hohen Temperaturen noch von den Partikeln aufgehalten werden [5]. Die Einsatztemperatur von oxiddispersionverfestigten Stählen kann oberhalb von 550 °C liegen, ohne das eine Helium induzierte Versprödung oder bestrahlungsinduzierte Schwellung auftritt [6]. Denkbare Einsatzgebiete sind beispielsweise Brennstoffhüllrohre [7, 8].

Eine Herausforderung bei der Verwendung von oxiddispersionverfestigten Stählen ist die Schweißbarkeit, da bei herkömmlichen Schmelzschweißverfahren (z.B. Wolframinertgasschweißen, Elektronenstrahlschweißen) eine Agglomeration der Partikel in der flüssigen Phase auftritt, wodurch die Festigkeit und Zähigkeit lokal herabgesetzt werden [9, 10]. Aus diesem Grund sind Schmelzschweißverfahren ungeeignet für die Verschweißung von oxiddispersionverfestigten Legierungen. Bei Festkörperschweißverfahren, wie dem Diffusionsschweißen, wechselt das Material während des Schweißens nicht den Aggregatzustand, weshalb dieses Verfahren besonders geeignet für oxiddispersionverfestigte Legierungen ist [11]. Die Schweißverbindung entsteht durch die Ausbildung von metallischen Bindungen aufgrund des hinreichend geringen Abstandes der Fügeflächen zueinander. Die Fügeteile werden bei erhöhter Temperatur für eine ausreichend lange Zeit aufeinander gepresst, um die Grenzflächen der Fügeteile nahe aneinander zu bringen. Die erhöhte Temperatur bewirkt eine stärkere Beweglichkeit der Atome, sodass Diffusions- und Verformungsprozesse an der Grenzfläche gefördert werden. Somit können die verfestigenden Partikel nicht agglomerieren und die Materialkennwerte bleiben nach der Verschweißung erhalten.

Die Entwicklung und Optimierung des Diffusionsschweißen von ODS Stahl wird hier am Beispiel der Legierung PM2000 (19 Gew.-% Cr−5,5 Gew.-% Al−0,5 Gew.-% Ti−0,5 Gew. -% Y_2O_3−bal. Fe) untersucht und mit einem Diffusionsschweißmodell unterstützt. Mit Hilfe der Simulation werden zum einen mit geringerem Materialaufwand und minimaler Anzahl an Schweißexperimenten die optimalen Schweißparameter für das Material PM2000 ermittelt [12] und zum anderen wird ein vertieftes physikalisches Verständnis des Diffusionsschweißprozesses erzielt. Zudem ermöglicht die Verwendung des entwickelten Diffusionsschweißmodells für oxiddispersionsverfestigte Legierungen eine vereinfachte Optimierung des Diffusionsschweißprozesses anderer oxiddispersionsverfestigter Legierungen. Es sind nur einige experimentelle Untersuchungen zur Materialcharakterisierung erforderlich und die optimierten Diffusionsschweißparameter können berechnet werden.

1.2 Gliederung der Arbeit

Die Grundlagen der oxiddispersionsverstärkten Stähle sowie die Theorie und die Modellierung des Diffusionsschweißens sind in Kapitel 2 ausführlich beschrieben. In Kapitel 3 folgt die Beschreibung des methodischen Vorgehens dieser Arbeit sowie die Erläuterung der experimentell verwendeten Methoden. Diese umfassen sowohl Mikrostrukturanalysen als auch mechanische Charakterisierungen. Für die Modellierung werden experimentell Schlüsselkennwerte untersucht, um ein vertieftes Verständnis für den Diffusionsschweißprozess von oxiddispersionsverfestigtem Stahl zu erlangen. Von besonderem Interesse sind dabei die temperaturabhängige Festigkeit, das Kriechverhalten bei erhöhter Temperaturen und die Veränderung der Mikrostruktur durch die Temperatureinwirkung während des Schweißprozesses. Die Ergebnisse dieser experimentellen Untersuchungen, der erforderlichen Eingangsparameter und Randbedingungen für die Modellierung von PM2000 sind in Kapitel 4 vorgestellt. In Kapitel 5 wird ein neuartiges Diffusionsschweißmodell für ODS Stahl vorgestellt. Hierzu wird das aus der Literatur bekannte Diffusionsschweißmodell von Hill und Wallach [13] weiterentwickelt und für oxiddispersionsverfestigte Materialien angepasst. Bei der Modellierung des Diffusionsschweißprozesses sind die speziellen Materialeigenschaften von oxiddispersionsverfestigten Stählen, insbesondere das Kriechverhalten, nun erstmalig berücksichtigt. Abschließend werden in Kapitel 6 Diffusionsschweißversuche simulationsunterstützt durchgeführt und durch eine mechanische und mikrostrukturelle Charakterisierung verifiziert. Abgeschlossen wird die Arbeit mit einer Zusammenfassung und einem Ausblick in Kapitel 7.

2 Stand der Forschung

In diesem Kapitel wird in die Besonderheiten von oxiddispersiv verstärkten Legierungen sowie die Theorie des Diffusionsschweißens eingeführt. Zusätzlich werden das mechanische Legieren zur Herstellung von oxiddispersionsverfestigten Legierungen, die Wirkungsweise der Dispersionsverfestigung und das Kriechverhalten beschrieben. Die unterschiedlichen Wirkungsmechanismen während des Diffusionsschweißprozesses werden aufgezeigt und die Diffusionsschweißparameter vorgestellt. Abschließend wird eine Übersicht der in der Literatur bekannten Diffusionsschweißmodelle, deren Unterschiede und Eignung im Hinblick auf die Anwendbarkeit auf oxiddispersionsverfestigte Stähle gegeben.

2.1 Oxiddispersionsverfestigte Legierungen

Dispersionsverfestigte Legierungen zeichnen sich durch das Vorhandensein einer homogenen, fein verteilten keramischen Phase in der Matrixphase aus. Bei einer großen Anzahl der Legierungen bildet ein Oxid diese keramische Phase, sodass auch von oxiddispersionsverfestigten (ODS, *engl. oxide dispersion strengthened*) Legierungen gesprochen wird. Die keramische Phase wirkt sich aufgrund ihrer sehr hohen thermodynamischen Stabilität auch bei hohen Temperaturen, bis nahe an die Schmelztemperatur der Legierung, noch verfestigend auf das Matrixmaterial aus [14–16]. Daher zeichnen sich die meisten ODS Materialien durch eine sehr gute Hochtemperaturfestigkeit aus. Eine wesentliche Vorausetzung für die verstärkende Funktion der keramischen Phase ist die sehr geringe Löslichkeit in der Matrix [17]. Die gebräuchlichsten Matrixmaterialien sind Aluminium, Nickel und Eisen [16].

Die Oxidpartikel hindern Versetzungen an der Fortbewegung durch das Material, dadurch können die Versetzungen nicht mehr zur plastischen

Deformation beitragen [16, 18]. Beispielsweise kann die Einsatztemperatur von Nickel von etwa $700 - 900\,°C$ auf bis zu $1100\,°C$ angehoben werden, wenn die Nickelmatrix durch Oxidpartikel verstärkt wird [14].

Neben reinen Matrixmaterialien, kann auch eine Stahl Legierung als Matrix verwendet werden. Viele ODS Stähle sind sehr gut für anspruchsvolle Hochtemperaturanwendungen oberhalb von $1000\,°C$ geeignet, da diese Materialklasse, aufgrund des hohen Chromanteils, neben der Hochtemperaturfestigkeit auch eine ausgezeichnete Korrosions- und Oxidationsbeständigkeit, Kriechfestigkeit und Hochtemperaturzeitstandfestigkeit aufweist [5]. Ferritische ODS Stähle weisen zusätzlich noch eine hohe Bestrahlungsbeständigkeit auf, die einen Einsatz als Strukturmaterial in kerntechnischen Anlagen denkbar macht [4, 19].

Die ersten dispersionsverfestigten Strukturmaterialien wurden durch die Verfestigung von Aluminium mit Aluminiumoxidpartikeln um 1950 realisiert [20]. Aufgrund der vergleichsweise niedrigen Schmelztemperatur von Aluminium und seinen Legierungen, war es mit diesem Werkstoff bis dahin nicht möglich Bauteile für Einsatztemperaturen größer 50 % der Schmelztemperatur zu realisieren [14]. Die ODS Aluminium Legierung wurde durch Mahlen von Aluminiumpulver an oxidierender Atmosphäre und einem anschließenden Sinterschritt hergestellt [21]. In den 1960er Jahren wurden die ersten ODS Legierungen auf Nickelbasis entwickelt [11, 22, 23]. Die Herstellung erfolgte durch Beschichtung der Oxidpartikel mit der Metallmatrix und einem nachfolgenden Sinterschritt. Untersuchungen an diesen neuen Legierungen ergaben die ersten Kenntnisse über die Mikrostruktur solcher ODS Legierungen. Insbesondere die Bedeutung der Oxidpartikel sowie ihre Größe und Verteilung und die Korngröße des Gefüges in Bezug auf die Kriechfestigkeit wurden näher untersucht [5]. Nahezu zeitgleich wurden ebenfalls die ersten eisenbasierten ODS Legierungen entwickelt, wobei verschiedene Oxidpartikel und deren Auswirkung auf die mechanischen Eigenschaften untersucht wurden [5]. Häufig verwendete Oxide für eisenbasierte ODS Legierungen sind Yttriumoxid oder Zirkoniumoxid. Die Hochtemperaturstabilität sowie die hohe chemische Inertheit von Yttriumoxidpartikeln machen sie für den Einsatz in ODS Stählen besonders attraktiv [18, 24].

Eine Herausforderung bei der Herstellung von ODS Legierungen liegt in der Reproduzierbarkeit von feinen, homogenen Gefügen. Ein Durchbruch bei der Herstellung von ODS Legierungen und der damit verbundenen Kommerzialisierung war die Entwicklung des mechanischen Legierens von Nickel ODS Legierungen durch John S. Benjamin um 1970 [5, 16]. Diese neuen Legierungen wurden anfänglich für Teile von Gasturbinen produziert [20, 25]. Mit der Methode des mechanischen Legierens konnten die Oxidpartikel deutlich feiner und homogener in den Matrixwerkstoff eingebracht werden. Aufgrunddessen sind seit den 1970er Jahren eine Vielzahl von experimentellen und kommerziellen Legierungen vor allem mit Nickel und Eisen als Matrixwerkstoff entwickelt worden [5, 16, 18, 26].

2.1.1 Herstellung

ODS Stähle können nicht durch schmelzmetallurgische Prozesse hergestellt werden, da die Oxidpartikel in der Schmelze agglomerieren und sich somit nicht homogen in der Stahlmatrix verteilen lassen [27, 28]. Eine inhomogene Partikelverteilung führt zu einem inhomogenen Verfestigungseffekt, was zu einem inhomogenen Verhalten der mechanischen Eigenschaften führt [17]. Eisenbasierte ODS Legierungen werden daher fast ausschließlich durch mechanisches Legieren hergestellt [15, 16, 18].

Die Matrixlegierung wird ohne die Zugabe der Oxidpartikel konventionell schmelzmetallurgisch hergestellt und anschließend zu einem Pulver mit einem mittleren Partikeldurchmesser von einigen zehn Mikrometern verdüst [29]. Der Durchmesser der Partikel des Oxidpulvers liegt im Bereich von 20 nm bis 40 nm [17]. Das Matrixwerkstoffpulver wird mit dem gewünschten Oxidpulveranteil in einer Kugelmühle mehrere Stunden gemahlen. Alternativ können auch die verschiedenen Metallpulver in stöchiometrischem Verhältnis und das Oxidpartikelpulver direkt in die Kugelmühle gegeben werden. Die Mahlung der Metall- und Oxidpulver erfolgt unter Schutzgas, um ungewollte Oxidationen zu vermeiden und ohne Zugabe eines Schmiermittels, um eine reine Legierung zu erzeugen [29]. Während des Mahlprozesses werden die ehemals runden Stahlpartikel zu flachen Flakes gequetscht und gebrochen und wieder kalt verschweißt [28, 30]. In dem Verlauf des Mahlprozesses werden die Oxidpartikel, die sich auf der Oberfläche der Matrixwerkstoffflakes ansammeln, in die Matrix mit eingeschweißt [25]. Der Mahlprozess ist erst abgeschlossen, wenn die Oxidpartikel homogen in den Matrixwerkstoffpartikeln verteilt sind. Der zeitliche Aufwand dieses Vorgangs liegt im Bereich von bis zu 24 h [30].

In einem nachfolgenden Herstellungsschritt wird das Material heißisostatisch gepresst oder stranggepresst, um die Porosität des Materials zu minimieren. Die primäre Rekristallisation erfolgt während des Pressvorgangs bzw. des Walzvorgangs und erzeugt ein untexturiertes, feinkörniges Gefüge mit Körnern im Bereich von 1 µm [31]. Dafür wird das Pulvergemisch gasdicht in Stahlkapseln eingeschlossen und in Form gepresst. Anschließende Wärmebehandlungen, knapp unterhalb der Schmelztemperatur, ermöglichen eine Rekristallisation des Gefüges, hierbei wird gezielt ein grobes Korngefüge eingestellt [32, 33]. Die Triebkraft der sekundären Rekristallisation ist die Minimierung der Korngrenzflächenenergie durch eine Verringerung der Korngrenzen [34].

2.1.2 Kriechverhalten und Dispersionsverfestigung

Das Kriechen beschreibt die zeitabhängige, plastische Verformung unter Einwirkung von Temperatur. Die Kriechverformung beginnt für hochschmelzende Materialien bei deutlich höheren Einsatztemperaturen als für niedrig schmelzende Materialien; bei metallischen Werkstoffen liegt sie typischerweise bei einem Temperaturverhältnis der verwendeten Temperatur T zur Schmelztemperatur T_m (beide in Kelvin) von $0,4$. ODS Legierungen weisen auch oberhalb dieser homologen Temperatur noch eine starke Kriechbeständigkeit auf [35].

Grundsätzlich lässt sich das Kriechen in drei Abschnitte untergliedern, wie in Abbildung 2.1 zu sehen ist. Nach einer spontanen, zeitunabhängigen Verformung beginnt der primäre Kriechbereich. In diesem Gebiet des Übergangskriechens nimmt die Dehnungsgeschwindigkeit stetig ab. Im anschließenden sekundären oder stationären Bereich heben sich die Generierung von Versetzungen durch Kriechschädigung und die Annihilation von Versetzungen durch Erholungsprozesse, wie sie durch das Klettern entstehen, nach einer gewissen Zeit auf. Die Kriechgeschwindigkeit ist im sekundären Bereich konstant. Im tertiären Kriechbereich kommt es zu vermehrter Schädigung, bevorzugt an den Korngrenzen, sodass ein Kriechbruch des Bauteils zu erwarten ist. Porenbildung führt zu einem verminderten, wirkenden Querschnitt und dadurch ebenfalls zu einer Spannungsüberhöhung, die die Versagensgeschwindigkeit weiter anhebt. Der Bruch erfolgt üblicherweise interkristallin [35].

Die Prozesse, die zur Kriechverfestigung bei sehr hohen Temperaturen und niedrigen Spannungen führen sind rein diffusionsgesteuert, wie bereits Nabarro, Herring und Coble in kontinuumsmechanischen Rechnungen gezeigt haben [37–39]. Ist die Gitterdiffusion geschwindigkeitsbestimmend, so wird dies auch als Nabarro-Herring-Kriechen bezeichnet. Wenn hingegen die Korngrenzendiffusion geschwindigkeitsbestimmend ist, so wird dies mit dem Coble-Kriechen beschrieben. Bei niedrigeren Temperaturen und höheren Spannungen ermöglichen Leerstellen Versetzungen Hindernisse zu überwinden,

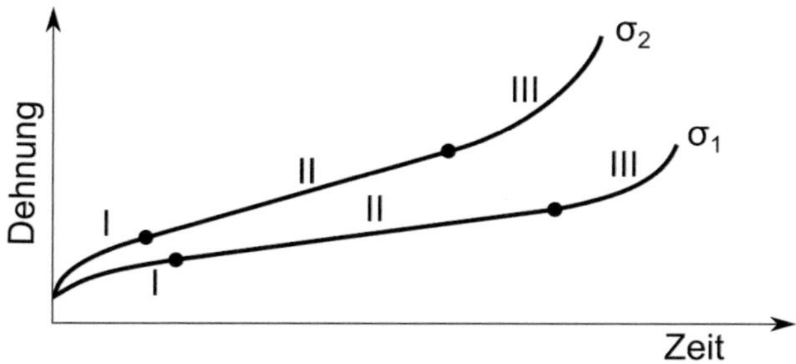

Abbildung 2.1: Dehnungsverhalten aufgetragen über die Zeit für zwei Spannungen, mit $\sigma_2 >$ σ_1 bei konstanter Temperatur. Es bilden sich drei Kriechbereiche aus, das primäre (I), sekundäre (II) und tertiäre (III) Kriechen; adaptiert nach [35, 36].

weshalb dies auch als Versetzungskriechen bezeichnet wird [35]. In realen Werkstoffen laufen mehrere der oben genannten Mechanismen gleichzeitig ab. Allgemein wird das Kriechverhalten von metallischen Werkstoffen mit einem Potenzgesetz beschrieben [40]:

$$\dot{\varepsilon} = A \cdot \frac{D_V \cdot G \cdot b_v}{k_B \cdot T} \cdot \left(\frac{\sigma}{G}\right)^n. \tag{2.1}$$

Die Kriechrate wird als $\dot{\varepsilon}$ bezeichnet, A ist eine materialspezifische, dimensionslose Konstante, D_V ist der Diffusionskoeffizient für Volumendiffusion, G das Schubmodul, b_v der Burgersvektor, k_B die Boltzmannkonstante, T die Temperatur, σ die Spannung, und n ist der Spannungsexponent. Bei der Verwendung dieses semiempirischen Potenzgesetzes zeichnen sich ODS Materialien durch einen ungewöhnlich hohen Spannungsexponenten ($n \gg 10$) aus [35].

Die Kriechrate von ODS Materialien, aufgetragen über der Spannung, weist einen sigmoidalen Kurvenverlauf auf, der sich in drei Bereiche unterteilen lässt, siehe Abbildung 2.2. Bei niedrigen Spannungen ist die Kriechrate von ODS Materialien deutlich niedriger als die von ausscheidungsfreien Legierungen (i). Bis zu einer Schwellspannung ist die Kriechrate besonders niedrig, noch deutlich niedriger als die Orowan Spannung [16]. In diesem Bereich ist Kriechen nur auf Diffusionskriechvorgänge zurückzuführen. Wird die Spannung weiter erhöht und übersteigt die Schwellspannung, so steigt die Kriechrate (ii). Die Spannungsabhängigkeit der Kriechrate ist in diesem Bereich sehr stark ausgeprägt [16]. Die Spannungsexponenten liegen deutlich

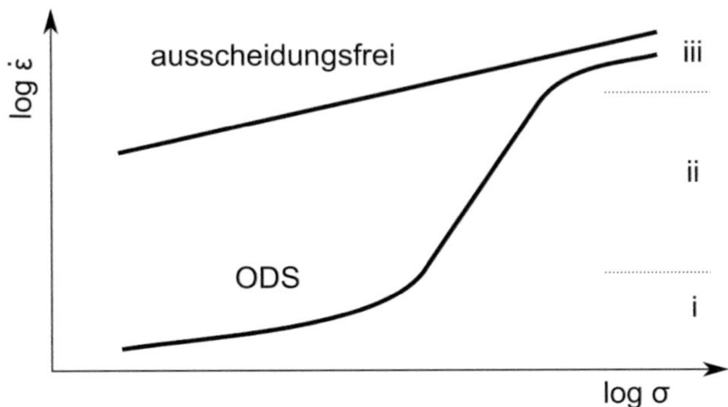

Abbildung 2.2: Schematische Darstellung der Kriechrate über der angelegten Spannung; adaptiert nach [16]

über denen von teilchenfreien Legierungen und können Werte bis 200 erreichen [35]. Diese Spannungsempfindlichkeit ist in grobkörnigen Gefügen stärker ausgebildet als in feinkörnigen. Bei sehr hohen Spannungen verhalten sich ODS Legierungen vergleichbar zu ausscheidungsfreien Materialien (iii). Die verfestigenden Partikel verlieren bei sehr hohen Spannungen ihren Verfestigungseffekt. Die zugeführte Energie ist hinreichend groß, damit die Versetzungen die Partikel überwinden können und frei durch das Material laufen [16].

Die Kriechfestigkeit von ODS Legierungen ist deutlich höher als von konventionellen, teilchengehärteten Legierungen, wobei diese schon eine deutlich höhere Kriechfestigkeit im Vergleich zu teilchenfreien Legierungen aufweisen [35]. Die Ursache der hohen Kriechfestigkeit liegt in der Dispersionsverfestigung. Sie ist ein Verfestigungsmechanismus, bei dem kleine Teilchen in der Matrix die plastische Verformung aufhalten. Diese erfolgt, vor allem bei grobkörnigem Gefüge und bei hohen Temperaturen, durch Versetzungsbewegung [14]. Das Überwinden eines Teilchens durch eine Versetzung kann durch zwei unterschiedliche Mechanismen erfolgen, entweder durch Klettern oder durch Umgehen. Der Mechanismus, für den am wenigsten Energie aufgewendet werden muss, findet statt. Für kohärente Partikel gilt, dass Partikel mit einem sehr kleinen Radius vorzugsweise geschnitten werden, ab einem kritischen Radius überwiegt der Prozess des Überkletterns der Partikel [17, 35].

Der dominierende Prozess bei den ODS Materialien ist das Klettern, da der Partikelradius größer als der kritische Radius eingestellt wird. Eine Versetzung, die sich durch das Material bewegt und auf einen Oxidpartikel zu läuft, überklettert den Oxidpartikel [41]. Dieser Kletterprozess ist vergleichbar zu Kletterprozessen von konventionellen, teilchengehärteten Materialien. Allerdings kommt es zusätzlich zu einer Wechselwirkung zwischen dem Oxidpartikel und der Versetzung. Dadurch haftet die Versetzung, aufgrund von Anziehungskräften zwischen dem Oxidpartikel und der Versetzung, an dem Oxidpartikel und ein Weiterlaufen der Versetzung ist stark behindert. Bevor die Versetzung weiterlaufen kann, muss erst eine hohe Energie aufgebracht werden, um die Anziehungskraft zu überwinden und die Versetzung von dem Oxidpartikel zu lösen [16]. Somit ist der geschwindigkeitsbestimmende Schritt des Kriechprozesses nicht mehr der Kletterprozess, sondern der Ablöseprozess von der Oxidpartikelrückseite [14, 17, 42]. Dieser Härtungseffekt ist so hoch, dass ein geringer Volumenanteil an Oxidpartikeln ausreicht, um die Kriechverfestigung sicher zu stellen. Der Partikeldurchmesser liegt typischerweise zwischen 20 nm bis 40 nm, damit einerseits ein hinreichend großer Partikelradius und andererseits ein geringer Teilchenabstand ermöglicht wird und eine möglichst große Anzahl an Hindernissen vorhanden ist [17].

Zur Erhöhung der Kriechfestigkeit von Werkstoffen gibt es einige hilfreiche Designkriterien [35]. Die Aktivierungsenergie für die Leerstellendiffusion sollte möglichst hoch sein, damit möglichst viel Energie für die Selbstdiffusion erforderlich ist und sie somit behindert wird. Dies kann durch eine geeignete Werkstoffauswahl erfolgen. Werkstoffe mit hohen Schmelztemperaturen weisen feste Bindungen und damit auch eine hohe Aktivierungsenergie zur Leerstellendiffusion auf. Eine weitere Methode ist die Erzeugung von grobkörnigem Material, um die Diffusionswege für Leerstellen zu maximieren [43]. In Belastungsrichtung gestreckte Körner erhöhen die Kriechfestigkeit ebenfalls. Die durch das Diffusionskriechen aufgebaute Schubspannung verringert sich an den Korngrenzen auf Grund einer größeren Flächenverteilung. Alternativ kann die Beweglichkeit von Versetzungen behindert werden, um die Kriechbeständigkeit zu erhöhen. Dies kann sowohl über die Mischkristallhärtung, als auch über eine Ausscheidungshärtung oder das Einbringen von fein verteilten temperaturstabilen Teilchen erfolgen [35]. Bei ODS Legierungen werden fast alle genannten Methoden zur Kriechverfestigung kombiniert. ODS Legierungen weisen aus diesem Grund charakteristische, sehr große und langgestreckte Körner mit fein verteilten, hochschmelzenden Partikeln auf. In einigen Fällen wird die Dispersionsverfestigung noch mit einer Ausscheidungshärtung kombiniert, wie beispielsweise bei den ODS Nickelbasissuperlegierungen [16]. Bei hohen Einsatztemperaturen erfolgt neben dem Versetzungskriechen noch das Diffusionskriechen oder Nabarro-Herring-Kriechen [35]. Durch die Vermeidung von Korngrenzen wird das Nabarro-Herring-Kriechen nahezu vollständig unterdrückt. Bemerkenswert ist, dass die Oxidpartikeldichte und Verteilung durch die sekundäre Rekristallisation nahezu unverändert bleiben und somit die Veränderung der mechanischen Eigenschaften allein auf das veränderte Korngefüge zurückzuführen ist [17, 30].

Mikrostrukturelle Beschreibung des Kriechverhaltens

Die grundlegende Idee zur mikrostrukturellen Beschreibung des Kriechverhaltens von ODS Materialien ist die Einführung eines Teilchenhärtungsbeitrags σ_P [44, 45]. Spätere Arbeiten überarbeiten diesen Gedanken und führen eine Schwellspannung σ_{th} ein, wobei angenommen wird, dass unterhalb dieser Schwellspannung nahezu kein Versetzungskriechen erfolgt [17]. Die Schwellspannung hat sich als geeignetes Kriterium bei der Betrachtung der Kriechfestigkeit von ODS Materialien erwiesen. Die physikalische Begründung der Schwellspannung ist allerdings noch nicht zweifelsfrei dargelegt [16, 46]. Bedeutend hierbei ist die verminderte innere Spannung gegenüber der äußeren angelegten Spannung. Der Härtungsbeitrag wird von der angelegten Spannung σ linear subtrahiert. Diese reduzierte Spannung ist temperaturabhängig, da die Schwellspannung von der Temperatur abhängig ist. Eine Abschätzung des Kriechverhaltens von ODS Materialien erfolgt durch die Verminderung der Spannung um den Schwellspannungsanteil [16, 47]:

$$\dot{\varepsilon} = A^{\mathrm{I}} \cdot \frac{D_V \cdot G \cdot b_v}{k_B \cdot T} \cdot \left(\frac{\sigma - \sigma_{th}}{G} \right)^n . \tag{2.2}$$

Die dimensionslose Konstante A^{I} in dieser Gleichung ist nicht identisch zu der dimensionslosen Konstante A in Gleichung 2.1; durch die Einführung der Schwellspannung verändert sich ebenfalls diese Konstante.

Eine physikalische Begründung für die sehr hohen Spannungsexponenten, die unter Verwendung von Gleichung 2.1 für ODS Legierungen resultieren, wurde bis dato nicht gefunden [16]. Durch die Modifikation der Gleichung 2.1 und die Verminderung der effektiven Spannung um den Partikelhärtungsanteil sind die Spannungsexponenten für ODS Legierungen wieder deutlich niedriger und physikalisch erklärbar. Wird mit der effektiven Spannung gerechnet, so sind die Spannungsexponenten in einem vergleichbaren Bereich zu partikelfreien Matrixreferenzwerkstoffen [41].

Die Versetzungsbewegung kann durch unterschiedliche Mechanismen bzw. Wechselwirkungen zwischen einem Dispersionspartikel und der Versetzung aufgehalten werden, diese Mechanismen werden nun einzeln vorgestellt:

Orowan Mechanismus

Der Orowan Mechanismus beschreibt einen Umgehungsvorgang einer Versetzung um einen Partikel, der in Abbildung 2.3 schematisch zu sehen ist. Trifft eine Versetzung auf eine linienförmige Ansammlung von inkohärenten Partikeln mit periodischem Abstand, so baucht sich die Versetzung zuerst zwischen den Partikeln aus. Diese Ausbauchung erfolgt solange, bis sich benachbarte Ausbauchungen vor dem Partikel berühren. Dort verschmelzen die Abschnitte der Versetzung miteinander, die Versetzungsfront kann sich weiter durch das Material bewegen und es bildet sich ein Versetzungsring um den Partikel aus. Eine detaillierte Beschreibung des Orowan Mechanismus ist in Rösler *et al.*, Ilschner oder Reed-Hill [35, 43, 48] nachzulesen. Die Orowan Spannung σ_O beschreibt den erforderlichen Spannungsbetrag, damit dieser energieaufwendige Prozess des Umgehens erfolgen kann:

$$\sigma_O = \frac{3 \cdot G \cdot b_v}{2(\lambda - r)}. \tag{2.3}$$

Der mittlere Partikelabstand ist 2λ und r beschreibt den Partikelradius. Der mittlere Partikelabstand berechnet sich zu [49]:

$$2\lambda = r_M \cdot \sqrt{\frac{\pi}{6} \cdot exp\left(2\left(\frac{S_A}{r_A}\right)^2 - ln\left(f_V\right)\right)}. \tag{2.4}$$

Die Standardabweichung der Partikelgrößenverteilung wird als S_A bezeichnet, der Medianwert des Partikelradius mit r_M, der arithmetische Mittelwert mit r_A und der Partikelvolumenanteil mit f_V. Die Annahmen für die Berechnung der Orowan Spannung sind zum einen punktförmige Partikel und zum anderen homogen verteilte, periodisch angeordnete Partikel. Reale ODS Materialien weisen weder eine Partikelgrößenverteilung mit identischem Radius der Partikel

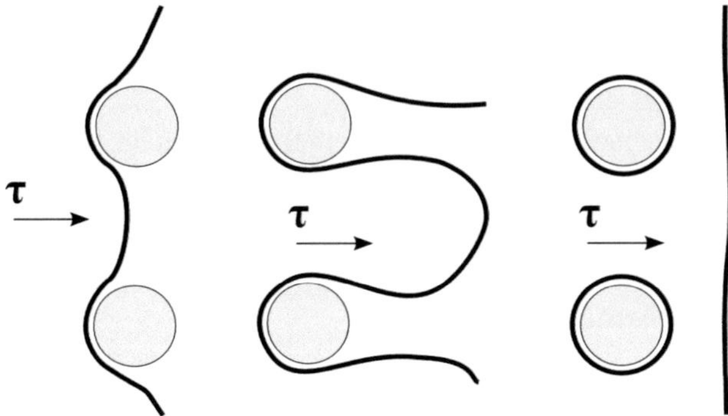

Abbildung 2.3: Schematische Darstellung des Orowan Mechanismus. Der Orowan Mechanismus beschreibt wie eine Versetzung von einem Partikel aufgehalten wird. Sie umschlingt den Partikel und bildet sich nach dem Partikel neu, es bleibt ein Orowan Ring zurück; adaptiert nach [35].

auf, noch sind die Partikel punktförmig. Deshalb weist die Schwellspannung kleinere Werte als die Orowan Spannung auf [50]. Die Partikel sind im Vergleich zum mittleren Partikelabstand sehr klein [16, 50].

Klettern

Die Ursache eines Kletterprozesses einer Versetzung über ein Hindernis ist die Minimierung der Gesamtsystemenergie, da die Oxidpartikel unschneidbar sind [51]. Die Kletterspannung und der Kletterwiderstand unterscheiden sich je nach Größe, Form und Anzahl der Teilchen in der Matrix. Deshalb wird zwischen lokalem und allgemeinem Klettern unterschieden. Das lokale Klettern beschränkt sich auf Vorgänge, bei denen die Versetzung nur an der Grenzfläche zwischen Matrix und Partikel ihre Gleitebene verlässt. Hierbei ist nur die Form der Partikel von Bedeutung, die Anzahl und Größe der Partikel hat keinen Einfluss. Die Betrachtung des lokalen Kletterns zeigt einen Knick in der Versetzungslinie, wenn sie die Matrixgleitebene verlässt und über den Partikel klettert. Solch ein Knick ist energetisch sehr instabil, weswegen Theorien zum allgemeinen Klettern entwickelt wurden [52]. Hierbei wird angenommen, dass die Versetzungsebene bereits in der Nähe des Partikels ihre Gleitebene verlässt. Die für das Klettern erforderliche Energie ist in dieser Betrachtungsweise deutlich geringer, da die zusätzliche Versetzungslinienlänge kürzer ist. Ein ausführlicher Überblick der unterschiedlichen Klettertheorien wird von Rösler und Heilmaier [41, 50] gegeben.

Interfacial Pinning

Das Interfacial Pinning beschreibt die Wechselwirkung zwischen dem Partikel und der Matrix, die die Versetzungsbewegung am Fortlaufen hindert. Anfangs wurde angenommen, dass der Partikel eine abstoßende Kraft auf die Versetzung ausübt, wodurch die Versetzung den Partikel nur mit einer deutlich höheren Energie, die der Abstoßungskraft entspricht, erreichen würde [16, 42]. Allerdings wurde in späteren Arbeiten eine diffusionsunterstützte Relaxation der Scherspannung einer gleitenden Versetzung gezeigt [16]; kugelförmige Partikel ziehen Schraubenversetzungen sogar an [53]. Die hydrostatische Spannungskomponente, die bei der Wechselwirkung von Stufenversetzungen auftritt, kann durch Volumendiffusionsprozesse abgebaut werden. Somit bedarf der Ablöseprozess von der Partikelrückseite eines großen Energiebetrags, was die Versetzungen an ihrer Bewegung hindert, wie in Abbildung 2.4 dargestellt ist. In transmissionselektronenmikroskopischen (TEM) Aufnahmen an ODS Nickelbasislegierungen wurde dieser Ablösevorgang gezeigt [54, 55]. Verschiedene Untersuchungen und Berechnungen ergeben eine geringere erforderliche Spannung zum Ablösen der Versetzung, als die Orowan Spannung. Diese Linienspannung wird um einen Relaxationsfaktor κ reduziert. Der Relaxationsfaktor kann Werte zwischen null und eins annehmen, die Ablösespannung ist um so größer, je näher κ gegen null strebt [42].

Kriechgleichung für ODS Legierungen

Rösler und Arzt [16, 41, 47, 49] analysierten den Teilchenüberwindungsmechanismus mit dem Ziel, das komplexe Kriechverhalten von ODS Legierungen mathematisch abzubilden. Hierbei wurden das Überklettern von kubischen Partikeln ohne anziehende Wechselwirkungen beschrieben, die Partikel wurden als hart und unschneidbar angenommen. In einem weiteren Schritt wurde das Modell um anziehende Wechselwirkungen zwischen dem Partikel und der Versetzung erweitert. Zum einen wird die Stabilisierung der lokalen Kletterprozesse unterhalb der maximalen Wechselwirkungskraft abgebildet, zum anderen wird der thermisch aktivierte Ablöseprozess der Versetzung vom Partikel modelliert.

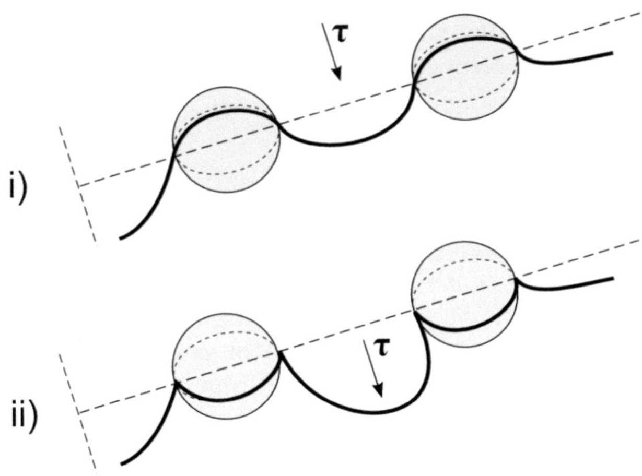

Abbildung 2.4: Schematische Darstellung des Kletterprozesses (i) und Interfacial Pinnings (ii). Der Kletterprozess beschreibt, wie eine Versetzung über einen Partikel klettert und nach dem Überklettern stark an der Partikel/Matrix Grenzfläche anhaftet; adaptiert nach [17].

Diese Analysen resultieren in der folgenden Kriechgleichung der Dehnungsrate für ODS Legierungen [42]:

$$\dot{\varepsilon} = \frac{6 \cdot D_V \cdot \lambda \cdot \rho_D}{b_v} \cdot e^{\left(-\frac{G \cdot b_V^2 \cdot r}{k_B \cdot T} \cdot \left[(1-\kappa) \cdot \left(1 - \frac{\sigma}{\sigma_O \cdot \sqrt{1-\kappa^2}} \right) \right]^{\frac{3}{2}} \right)}. \tag{2.5}$$

Die Versetzungsdichte wird mit ρ_D bezeichnet, alle anderen Parameter sind oben bereits eingeführt. Diese Kriechgleichung für ODS Materialien ermöglicht eine Berechnung der Kriechverformung, wenn die Materialparameter bekannt sind. Der Relaxationsfaktor wird materialspezifisch angepasst [42].

2.1.3 PM2000

Der in dieser Arbeit verwendete Werkstoff PM2000 ist eine ODS Eisenbasislegierung der Firma Plansee AG mit einem Chromgehalt von 20 Gew.-%. Die chemische Zusammensetzung von PM2000 ist in Tabelle 2.1 dargestellt. Als Oxidpartikel wird Yttriumoxid verwendet und dem chromreichen Matrixwerk-

Tabelle 2.1: Chemische Zusammensetzung von PM2000 und MA956 in Gewichtsprozent.

	Fe	Cr	Al	Ti	Y_2O_3	
PM2000	Basis	19	$5,5$	$0,5$	$0,5$	[61]
MA956	Basis	$18,5 - 21,5$	$3,75 - 5,75$	$0,2 - 0,6$	$0,3 - 0,7$	[62]

stoff bei der pulvermetallurgischen Legierung beigemengt, die in Kapitel 2.1.1 näher beschrieben ist. Der Chromanteil größer 13 Gew.-% stabilisiert die ferritische, kubischraumzentrierte Phase [17] und bildet somit ein ferritisches Gefüge. Ein Vorteil des ferritischen Gefüges gegenüber einem austenitischen Gefüge ist die geringere Dichte und die bessere Bestrahlungsbeständigkeit, sodass die ferritischen ODS Legierungen beispielsweise für Hüllrohre in der Nukleartechnik geeignet sind. [19, 56].

Das PM2000 wird heißisostatisch in Stabform gepresst und das Gefüge wird in einer nachfolgenden Rekristallisationsphase eingestellt. Die Rekristallisationstemperatur für PM2000 liegt in einem Temperaturbereich zwischen $1300 - 1350\,°C$ [57]. Bei dieser Rekristallisation entsteht ein texturiertes Gefüge; entlang der Stabachse sind die Körner bis zu mehrere Zentimeter lang und quer zur Stabachse weisen die Körner einen Durchmesser von einigen Millimetern auf. Das Kornstreckungsverhältnis (GAR, *engl. grain aspect ratio*) bei PM2000 kann bis zu $100 : 1$ betragen [58]. Während der Legierungsherstellung und des Rekristallisationsprozesses verändert sich die Zusammensetzung der Partikel. TEM Untersuchungen zeigen, dass im Werkstoff keine reinen Yttriumoxidpartikel vorliegen, sondern Titan- und Aluminium Mischoxide [59, 60].

Die Dauer der Rekristallisationsphase hat einen Einfluss auf die spröd-duktile Übergangstemperatur. So ist die spröd-duktile Übergangstemperatur für stark rekristallisierte eisenbasierte ODS Materialien deutlich oberhalb der Raumtemperatur, für schwach oder nicht rekristallisiertes Material liegt sie hingegen unterhalb der Raumtemperatur. Aufgrund der stark rekristallisierten Kornstruktur und den homogen, fein verteilten Partikeln weist PM2000 eine sehr hohe Kriechfestigkeit auf [5], wie in Kapitel 2.1.2 näher beschrieben ist.

Die chemische Zusammensetzung von PM2000 und MA956, eine ODS Eisenbasis-Legierung von INCOLOY, sind vergleichbar [61, 62] und die mechanischen Eigenschaften ähnlich, wobei die Zugfestigkeit von PM2000 höher liegt [63]. Die chemische Zusammensetzung beider Legierungen ist in Tabelle 2.1 dargestellt. Im Folgenden werden, neben Arbeiten an PM2000, auch Arbeiten an MA956 zum Vergleich herangezogen.

2.2 Diffusionsschweißen

Das Diffusionsschweißen beschreibt nach Gerken und Owczarski alle Festkörperschweißverfahren, bei denen die Verbindung der Oberflächen bei möglichst geringer globaler Deformation auf diffusionskontrollierten Prozessen beruht [9]. Diese Diffusionsprozesse werden durch zugeführte thermische Energie und einen angelegten Druck gefördert. In der englischsprachigen Literatur werden verschiedene Begriffe wie *diffusion bonding*, *diffusion welding* und *solid-state bonding* synonym verwendet [9].

Das Diffusionsschweißen ist für ODS Stähle ein vielversprechendes Schweißverfahren, da eine Verbindung erzielt werden kann ohne den Stahl aufzuschmelzen [64]. Die verfestigende Wirkung bei ODS Materialien beruht auf der homogenen Verteilung der Oxidpartikel [16], welche nach dem Abkühlen aus der flüssigen Phase nicht mehr gegeben wäre [28]. In der flüssigen Phase agglomerieren die Oxidpartikel und das grobkörnige Gefüge würde sich beim Erstarren in ein feinkörniges umwandeln [65]. Die mechanischen Eigenschaften des ODS Stahls werden sowohl durch die Größe und die Verteilung der Partikel als auch durch die Korngröße des Matrixmaterials bestimmt [66]. Aus diesem Grund ist das Diffusionsschweißen für ODS Materialien deutlich vielversprechender als konventionelle Schweißverfahren mit einer flüssigen Phase [67].

In Abbildung 2.5 ist die schematische Funktionsweise des Diffusionsschweißens dargestellt. Zwei Fügeteile mit vorbereiteter Oberfläche werden unter Wärmeeinwirkung ($50 - 80\% \ T_m$ [13, 68]) aufeinander gepresst. Ab einer Temperatur oberhalb $0,4 \cdot T_m$ sind die Diffusionsprozesse so schnell, dass sie einen starken Einfluss haben und berücksichtigt werden müssen [69]. Die Verbindung ist auf diffusionsgesteuerte Prozesse zurückzuführen, weshalb das Diffusionsschweißen einiger Zeit bedarf. Die beiden Fügeteile bilden durch Diffusions- und Verformungsprozesse ein gemeinsames Kristallgitter an der Schweißnaht [9].

An der Grenzfläche der beiden Fügeteile bilden sich durch die Oberflächenrauheit Hohlräume aus. Die Geometrie dieser Hohlräume ist ein maßgeblicher Parameter, der die Geschwindigkeit des Schweißprozesses mitbestimmt [13]. Abhängig vom Aspektverhältnis der Höhe zur Breite des Hohlraums wirken die beitragenden Mechanismen (Diffusion, etc.) verschieden stark zur Schließung der Hohlräume bei [70]. Die Schweißzeit wird durch einen möglichst klei-

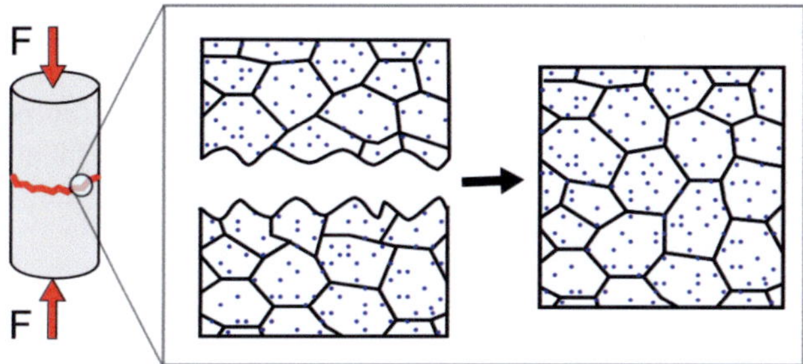

Abbildung 2.5: Schematische Darstellung des Diffusionsschweißprozesses. Bei erhöhter Temperatur werden die Fügeteile eine hinreichend lange Zeit aufeinander gepresst. Während dieser Zeit bildet sich, aufgrund von Verformungs- und Diffusionsprozessen, ein nahtloses Gefüge aus. Die blauen Punkte symbolisieren die Oxidpartikel.

nen Hohlraum minimiert. Für ein konstantes Hohlraumvolumen vermindert ein möglichst breiter und flacher Hohlraum die Schweißzeit [13].

Es wird angenommen, dass die Oxidpartikel nicht in die Diffusionsprozesse zur Schließung der Hohlräume involviert sind. Ihre Größe, Verteilung und ihr Platz im Kristallgitter verändern sich während eines optimierten Diffusionsschweißprozesses nicht [71, 72]. Deshalb sollten die mechanischen Eigenschaften des diffusionsgeschweißten Materials bzw. der Schweißnaht dem Materialverhalten des Grundmaterials entsprechen [73].

Eine Besonderheit des Diffusionsschweißens ist die Möglichkeit, entweder zwei gleiche Materialien miteinander zu verbinden oder zwei verschiedene wie Keramik mit Metall. Ein weiterer Vorteil gegenüber Schmelzschweißverfahren ist die hohe Maß- und Formhaltigkeit sowie die minimale Nachbearbeitung der Schweißnaht [74]. Des Weiteren kann sowohl bei der Verbindung zwei gleicher, als auch unterschiedlicher Materialien noch eine dünne Zwischenschicht eingebracht werden, dies ist ein kurzzeitiger Flüssigphasendiffusionsschweißprozess (*engl. transient liquid phase bonding*). Diese dünne Zwischenschicht ist meistens weicher als die mitunter harten, eigentlich zu fügenden Bauteile. Somit erlangt die Zwischenschicht leicht eine große Grenzfläche mit dem Bauteil [9, 74]. Idealerweise wird die Materialkombination auch so gewählt, dass die Zwischenschicht und das Material einen eutektischen Zustand bilden und somit die weiter Diffusionsschweißtemperatur vermindert werden kann [75, 76].

Die Herausforderungen bei der Entwicklung des Diffusionsschweißprozesses
liegen in der Oberflächenvorbereitung der Kontaktflächen und der Einschränkung der Bauteilgeometrie. Lange Prozesszeiten und hohe Temperaturen sowie die Notwendigkeit die Schweißungen in evakuierten Gefäßen bzw. unter
Schutzgas durchführen zu müssen, erschweren die wirtschaftliche Durchführung von Diffusionsschweißungen [74].

2.2.1 Diffusion

Diffusion kann in Gasen, Flüssigkeiten oder Festkörpern erfolgen. Dies ist die
wärmeinduzierte Bewegung von Atomen aufgrund eines Konzentrationsunter-
schieds [77, 78]. In kristallinen Festkörpern bedeutet dies ein Platzwechsel der
Atome im Gitter.

Diese Platzwechsel erfolgen regellos und es gibt einen Teilchenstrom
entlang des Konzentrationsgefälles, bis sich der Konzentrationsunterschied
ausgleicht [43]. Die Anzahl der Teilchen, die in einer bestimmten Zeit durch
eine deffinierte Querschnittsfläche fließt, wird als Diffusionsstromdichte j
bezeichnet. Diese ist proportional zum Konzentrationsunterschied und wird mit
dem 1. Fick'schen Gesetz beschrieben [79]:

$$j = -D \cdot \nabla c_a. \tag{2.6}$$

Der Proportionalitätsfaktor zwischen der Diffusionsstromdichte und der Atomkonzentration ist die Diffusionskonstante D und der Vektor ∇c_a ist der Gradient
der Atomkonzentration. Aus dem 1. Fick'schen Gesetz und der Kontinuitäts-
gleichung ergibt sich das mehrdimensionale 2. Fick'sche Gesetz [78, 79]:

$$\frac{\partial c}{\partial t} = D \cdot \Delta c_a. \tag{2.7}$$

Der Delta-Operator (Δ) ist definiert als Produkt des Nabla-Operators (∇) mit
sich selbst [79]. Der Diffusionskoeffizient ist von der Temperatur abhängig, da
mit zunehmender Temperatur die Beweglichkeit der Atome zunimmt und sich
die Diffusionswahrscheinlichkeit erhöht [43]. Diese Temperaturabhängigkeit
des Diffusionskoeffizienten wird wie folgt beschrieben [77–79]:

$$D = D_0 \cdot e^{\left(-\frac{Q}{k_B \cdot T}\right)}. \tag{2.8}$$

Der Vorfaktor des Diffusionskoeffizienten wird mit D_0 bezeichnet. Die Aktivierungsenergie Q nimmt mit zunehmender Schmelztemperatur zu und der Diffusionskoeffizient wird größer je niedriger die Aktivierungsenergie ist [43, 79].

Der Platzwechsel auf atomarer Ebene kann durch unterschiedliche Austauschmechanismen erfolgen:

- Ein Ringaustausch von vier Atomen ist möglich, allerdings muss das Gitter dafür relativ stark aufgeweitet werden [80].

- Ist die Radiusdifferenz von zwei Atomsorten groß und die eine Atomsorte sitzt auf Zwischengitterplätzen, so können solche interstitiellen Atome von einem Zwischengitterplatz zum nächsten springen [35]. Je größer die Atomradiendifferenz ist, desto wahrscheinlicher wird dieser Mechanismus.

- Jede reale Gitterstruktur im thermischen Gleichgewicht weist Leerstellen auf. Ein Atom kann in solch eine benachbarte Leerstelle springen. Dieser Mechanismus wird auch als Leerstellendiffusion bezeichnet und die Leerstellen strömen in die entgegengesetzte Richtung der Atome [77, 80]. Die Leerstellendiffusionsgeschwindigkeit ist an freien Oberflächen, wie Korngrenzen, deutlich höher als im Materialvolumen.

2.2.2 Bildung einer Verbindung im festen Aggregatzustand

Es gibt unterschiedliche Modelle, die die Ausbildung einer Verbindung ohne das Verlassen des festen Aggregatzustands beschreiben [81, 82]. Alle Modelle fordern ein flächiges in Kontakt bringen der beiden Fügeflächen. Reale Oberflächen weisen allerdings immer eine Rauheit auf, sodass das Aufeinanderlegen von zwei Bauteilen nur zu einem sehr kleinen Anteil zum atomaren Kontakt der beiden Bauteile führt. Ein wichtiger Schritt zum flächendeckenden Kontakt ist das Aufeinanderpressen der Fügeteile. Die Rauheitsspitzen werden lokal plastisch verformt und die beiden Oberflächen werden somit lokal hinreichend dicht zueinander gebracht, dass eine atomare Bindung entstehen kann. Ein Atom minimiert seine potentielle Energie, wenn es eine Bindung zu einem Nachbaratom aufnimmt. Üblicherweise kann sich eine atomare Bindung ausbilden, sobald die Atome im Bereich des atomaren

Abstands aneinander liegen [79]. Allerdings verbleiben einige Hohlräume, die nur über diffusionsgesteuerte Prozesse geschlossen werden können [83].

Auf einer atomaren Ebene betrachtet ist das Diffusionsschweißen vergleichbar zum Sintern von zwei Partikeln bzw. einem Partikel und einer Grenzfläche. Zwei Partikel, die im Kontakt stehen, weisen kein thermodynamisches Gleichgewicht auf. Die freie Oberflächenenergie kann durch ein partielles oder vollständiges Zusammenwachsen der Partikel minimiert werden. Diese Reduktion der freien Oberflächenenergie erfolgt auch unterhalb der Schmelztemperatur [84].

Die Materialtransportpfade beim Sintern sind umfassend untersucht worden und in Abbildung 2.6 dargestellt. Sowohl Diffusionsprozesse entlang der freien Oberfläche, im Gitter und entlang der Korngrenze, als auch Verdampfung, Kondensation und Kriechprozesse führen zur Verbindung von zwei Partikeln [85, 86].

Die Grundlage für die Theorie des Verdampfens und der folgenden Kondensation zur Verbindung von zwei Partikeln bildet die kinetische Gastheorie. Sie besagt, dass es einen Dampfdruckunterschied zwischen verschieden stark gekrümmten Materialoberflächen gibt. Dabei gilt, dass der Dampfdruck mit abnehmender Krümmung zunimmt [87]. Aus diesem Grund wachsen beim Diffusionsschweißen die Bereiche mit einem kleinen Krümmungsradius deutlich schneller als solche mit großem Krümmungsradius.

Die Triebkraft der Diffusionsvorgänge ist ebenfalls durch unterschiedliche Krümmungsradien bedingt, da diese eine Differenz des chemischen Potentials verursachen [36]. Je kleiner der Krümmungsradius, desto mehr Leerstellen sind vorhanden [88]. Bei hohen Temperaturen erfolgt zudem durch Oberflächen- und Volumendiffusion ein Ausgleich der Leerstellenkonzentration. Die ehemaligen Leerstellen werden mit Atomen gefüllt, wodurch die Krümmung von Bereichen mit ehemals hoher Krümmung vermindert wird.

Entlang der Korngrenze wirken sowohl die Korngrenzendiffusion als auch die Volumendiffusion. Die Triebkraft für diese beiden Diffusionsprozesse ist der Leerstellenkonzentrationsunterschied [89]. Die Leerstellen werden von der freien Oberfläche, die eine Leerstellenquelle ist, ins Material transportiert. Eine plastische Verformung, durch Versetzungskriechen erfolgt nur unter der Einwirkung einer äußeren Kraft. Bei reinen Sinterprozessen kommt dies allerdings nicht vor [90]. Beim Diffusionsschweißen hingegen wirkt eine statische äußere Kraft und es kommt zu einer plastischen Verformung durch Versetzungskriechen [74].

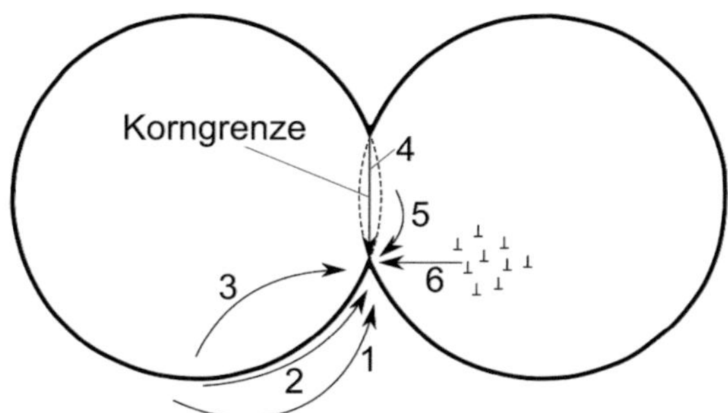

Abbildung 2.6: Schematische Darstellung der Mechanismen, die bei einem Sinterprozess zum Verschmelzen von zwei Partikeln führen. Dieses sind sowohl Verdampfung und Kondensation (1) als auch Oberflächen- (2) und Volumendiffusion (3). Zudem wirkt ein diffusionsgesteuerter Materialtransport entlang (4) und neben (5) der Korngrenze durch das Gitter. Wird eine Spannung angelegt, kann auch noch ein Materialtransport durch Versetzungskriechen erfolgen (6); adaptiert nach [90, 91].

2.2.3 Ausbildung einer Diffusionsschweißverbindung

Die Ausbildung einer Diffusionsschweißverbindung ist ein zeitabhängiger Prozess, der schematisch in Abbildung 2.7 dargestellt ist. Auf einer mesoskopischen Ebene betrachtet, entstehen an der Grenzfläche Hohlräume, die geschlossen werden müssen, bevor die Diffusionsschweißung erfolgreich beendet wird [9]. Beim Diffusionsschweißen wirkt eine statische äußere Kraft und es kommt zu einer plastischen Verformung durch Versetzungskriechen. Pilling *et al.* [83] postuliert drei Mechanismen, die zur Schließung der Hohlräume an der Grenzfläche führen:

- Plastische Verformung der Kontaktgebiete, die durch eine zeitabhängige Verformung erfolgen; sowohl Kriechen als auch plastische Verformung können diese Verformung hervorrufen.

- Diffusionsprozesse von der Kontaktfläche zu der Hohlraumoberfläche, es wirken die Volumen- und die Korngrenzendiffusion.

- Massentransfer von einem Ort der Hohlraumoberfläche zu einem anderen; dieser wird über die Oberflächendiffusion sowie Verdampfungs- und Kondensationsprozesse bewirkt.

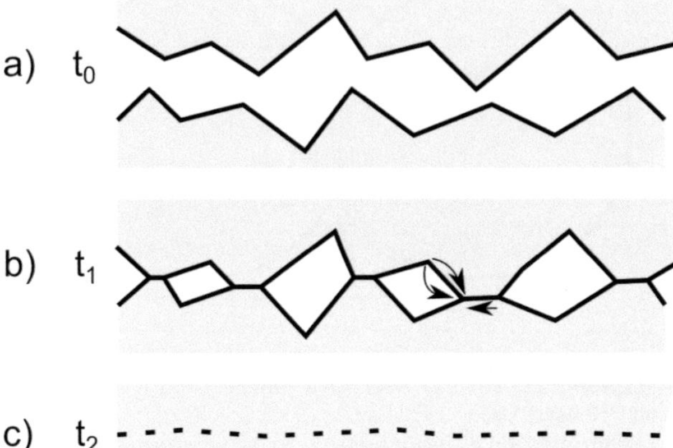

Abbildung 2.7: Prinzipskizze des zeitabhängigen Diffusionsschweißprozesses. a) Die Oberflächen vor der Ausübung einer Druckspannung. b) Die Druckspannung verformt die Rauheitsspitzen plastisch, Kriechprozesse können ebenfalls beteiligt sein. Die Diffusionspfade entlang der Hohlraumoberfläche und der Korngrenze sind eingezeichnet. Die Pfeilrichtung kennzeichnet die Richtung des Materialtransports. c) Erfolgreiche Diffusionsschweißverbindung.

Die beiden erstgenannten Mechanismen bewirken eine Verminderung des Hohlraumvolumens, deren Ursache der Gradient des chemischen Potentials zwischen der nur leicht gekrümmten und der stark gekrümmten Hohlraumoberfläche ist [83]. Die Triebkraft des Massentransfers beruht ebenfalls auf dem Gradienten des chemischen Potentials, allerdings ist der Gradient durch die verschiedenen Kurvenradien von Nachbarhohlräumen bedingt. Somit führt dieser Mechanismus nur zu einer Umverteilung von Atomen, aber nicht direkt zur Reduktion des Hohlraumvolumens. Indirekt führt dieser Mechanismus insofern zur Verminderung des Hohlraumvolumens, als durch die Umverteilung von Atomen die plastische Verformung und die Diffusionsprozesse von der Kontaktfläche zur Hohlraumoberfläche begünstigt werden [83]. Kriechprozesse sind vor allem bei großen Hohlräumen in die lokale Verformung involviert. Die Funktionsweise des Kriechens ist bereits in Kapitel 2.1.2 beschrieben.

Eine ideale Diffusionsschweißung ist erfolgt, wenn die Fügeteile makroskopisch nicht verformt sind, sich keine Gefügeänderungen eingestellt und keine Phasenumwandlungen stattgefunden haben und es keine Ansammlung von Korngrenzen oder Leerstellen an der Grenzfläche gibt.

2.2.4 Spontane plastische Deformation

Das Diffusionsschweißen erfolgt unter Aufbringung einer konstanten Spannung. Diese wird so gewählt, dass das Bauteil keine makroskopische Verformung erfährt. Allerdings erfolgt aufgrund der starken Spannungsüberhöhung an den Oberflächenrauheitskuppen eine Verformung der Kontaktflächen [9]. Simulationen von Pilling *et al.* [83] zeigen, dass das Diffusionsschweißen zu einem Teil auf die plastische Deformation der Kontaktfläche zurückzuführen ist und nicht ausschließlich über Diffusionsprozesse erfolgt.

Die plastische Verformung eines Materials ist von der Temperatur abhängig und tritt auf, wenn die Vergleichsspannung größer als die materialspezifische Streckgrenze des Materials ist. Bei Spannungen bis zur Streckgrenze verformt sich das Material rein elastisch [79]. In einem Temperaturbereich kleiner $0,4\,T_m$ erfolgt die plastische Verformung durch die Erzeugung und Bewegung von Versetzungen und durch Wechselwirkungen der Versetzungsbewegung mit Hindernissen. Die plastische Verformung setzt mit zunehmender Temperatur bei geringeren Spannungen ein bzw. wirkt sich stärker aus [92].

2.3 Diffusionsschweißparameter

Die Diffusionsschweißung wird durch vier wesentliche Diffusionsschweißparameter bestimmt. Dies sind die Diffusionsschweißtemperatur, der Diffusionsschweißdruck, die Oberflächenrauheit der zu fügenden Bauteile und die Diffusionsschweißzeit. Die Diffusionsschweißzeit ist kein unabhängiger Diffusionsschweißparameter, da er maßgeblich von der verwendeten Diffusionsschweißtemperatur und dem Diffusionsschweißdruck sowie der Oberflächengüte abhängig ist [9]. Die Diffusionsschweißparameter sind stark materialspezifisch, sodass ermittelte Parameter nicht von einer Materialklasse auf eine andere, ohne nähere Untersuchung, übertragen werden können [13].

2.3.1 Diffusionsschweißtemperatur

Experimentelle Diffusionsschweißuntersuchungen von King und Owczarski an reinem Titan haben gezeigt, dass beim Schließen der Hohlräume der stärkste Einfluss von der verwendeten Diffusionsschweißtemperatur ausgeht [93]. Eine hohe Diffusionsschweißtemperatur begünstigt die verschiedenen Diffusionsprozesse und vermindert die Fließspannung. Die verringerte Fließspannung ermöglicht die Verwendung eines geringeren Drucks, was den apparativen Aufwand der Diffusionsschweißung minimiert.

Der Temperatureinfluss auf das Gefüge muss sehr genau untersucht werden, da die Auswirkungen einer minimal höheren Diffusionsschweißtemperatur mitunter sehr stark sind, wenn sich die Mikrostruktur verändert. Diese Veränderung kann ein Kornwachstum, die Ausbildung einer intermetallischen Phase oder Ausscheidungen sein [43].

Ein Richtwert für die Diffusionsschweißtemperatur ist mit $50 - 80\,\%$ der absoluten Schmelztemperatur angegeben [13, 68]. Ab $50\,\%$ der Schmelztemperatur können Legierungen rekristallisieren, für reine Metalle liegt diese Grenze bereits bei $40\,\%$ der Schmelztemperatur [94]. Für das Sintern von Metallen wurde beobachtet, dass das schnellste Kornwachstum bei $75\,\%$ der Schmelztemperatur erfolgt [9].

2.3.2 Diffusionsschweißdruck

Hamilton [72] zeigte in einem Diffusionsschweißexperiment, bei dem der Diffusionsschweißdruck graduell auf das zu fügende Bauteil aufgebracht wurde, dass mit zunehmendem Druck die Hohlräume weiter geschlossen werden bzw. ab einem ausreichend großen Druck eliminiert werden. Mit steigendem Druck verkürzt sich somit die Schweißzeit. Dieser Effekt ist in einem niedrigen Temperaturbereich stärker ausgeprägt, da bei höheren Temperaturen die Diffusionsprozesse überwiegen, weshalb der Einfluss des Diffusionsschweißdrucks auch als sekundär bezeichnet wird [93]. Der Diffusionsschweißdruck sollte kleiner sein als die Fließgrenze des Materials bei der entsprechenden Temperatur. Somit wird verhindert, dass eine plastische Verformung des gesamten Bauteils erfolgt. An der Grenzfläche bilden sich durch die Oberflächenrauheit Hohlräume aus, sodass es zu einer Spannungsüberhöhung an den sich berührenden Flächen, den Rauheitsspitzen, kommt. Diese lokale Spannungsüberhöhung führt zu einer lokalen spontanen plastischen Deformation, die zu einer Vergrößerung der Kontaktfläche führt. Dieser Effekt führt wiederum zu einer kürzeren Gesamtschweißzeit [13]. Zudem sollte der Druck so gewählt werden, dass während des Diffusionsschweißvorgangs Kriechprozesse ablaufen können, die das Schließen der Hohlräume an der Grenzfläche erleichtern, wie in Abschnitt 2.1.2 näher beschrieben. Je höher der Druck, desto mehr werden die Kriechprozesse gefördert [82].

2.3.3 Oberflächenrauheit

Die Oberflächenrauheit wird durch einige Kennwerte beschrieben, die in Abbildung 2.8 gezeigt sind [95]. Die maximale Profilkuppenhöhe R_p ist die größte Abweichung einer Kuppe zur Mittellinie. Entsprechend beschreibt die maximale Profiltiefe R_m, die größte Abweichung des Profils zur Mittellinie. Der arithmetische Mittenrauhwert R_a beschreibt den arithmetischen Mittelwert der absoluten Werte der Profilabweichung und die maximale Profilhöhe R_y den maximalen Abstand zwischen Profilkuppe und Profiltal [95]. Eine größere Oberflächenrauheit führt unter nicht idealen Diffusionsschweißbedingungen zu größeren Hohlräumen an der Grenzfläche der gefügten Materialien. Die Auswirkung unterschiedlicher Oberflächenrauheiten auf den Hohlraumanteil an der Grenzfläche haben King und Owczarski an reinem Titan untersucht [93]. Für MA956 wurden ebenfalls Untersuchungen durchgeführt, bei denen Diffusionsschweißungen mit zwei unterschiedlichen Rauheiten und ansonsten identischen Versuchsbedingungen durchgeführt wurden. Bei der Beurteilung der gefügten Fläche zeigt sich sowohl in der metallographischen Untersuchung als auch in der Zugfestigkeit, dass bei gleicher Schweißzeit eine zu grobe Oberflächenrauheit zu einer verminderten Festigkeit der Fügenaht durch Hohlräume auf der Grenzfläche führt [96].

2.3.4 Diffusionsschweißzeit

Die zur Ausbildung einer erfolgreichen Diffusionsschweißung benötigte Zeit wird als Diffusionsschweißzeit bezeichnet. Diese ist von den anderen Diffusionsschweißparametern abhängig, bei gegebener Oberflächenrauheit sind das die Diffusionsschweißtemperatur und der Diffusionsschweißdruck. Pilling *et al.* [83] beschreibt die Oberflächenrauheit als maßgeblichen Faktor für die Diffusionsschweißzeit, solange die Schweißtemperatur und der Schweißdruck dazu führen, dass das Material sich im plastischen Bereich befindet.

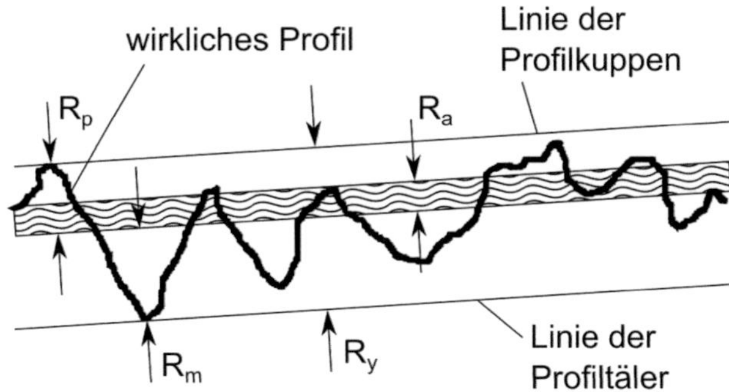

Abbildung 2.8: Schematische Darstellung der Oberflächenrauheit, das Rauheitsprofil ist fett eingezeichnet. R_p: maximale Profilkuppenhöhe, R_m: maximale Profiltiefe, R_y maximale Profilhöhe, R_a arithmetischer Mittenrauhwert; adaptiert nach [95].

Die Diffusionsschweißung sollte nur so lange erfolgen, wie das Material benötigt, um die Hohlräume an der Grenzfläche zu schließen, da eine längere Wärmeeinwirkung zu schädigenden Gefügeveränderungen wie Kornvergröberung führt [93]. Auch unter wirtschaftlicher Betrachtung sollte die Diffusionsschweißzeit so gering wie möglich gehalten werden, damit pro Stück möglichst wenig Energie in den Prozess eingebracht werden muss [74].

2.3.5 Oberflächenreinheit

Organische Rückstände und Oxidschichten auf der Probenoberfläche können den Diffusionsschweißprozess beeinflussen. Organische Rückstände verbrennen während des Schweißprozesses und können zu einer Bildung von Karbiden an der Grenzfläche führen, die eine versprödende Wirkung zeigen. Die Reinigung der Diffusionsschweißproben in Aceton und Isopropanol, sowie die Versuchsdurchführung unter Vakuum beugen diesem Effekt vor.

Oxidschichten können als Barriere für die Diffusion an der Grenzfläche wirken. Einige Oxidschichten, wie beispielsweise, die der meisten Stähle, lösen sich bei den hohen Temperaturen des Diffusionsschweißprozesses in der Matrix auf und dadurch können die Diffusionsprozesse an der Grenzfläche ungehindert wirken [97]. Um den Einfluss der Oxidschichten beim Schweißprozess zu verringern, werden die Diffusionsschweißproben geschliffen [98]. Sollte dennoch eine spröde Oxidschicht bestehen bleiben, bricht diese durch die

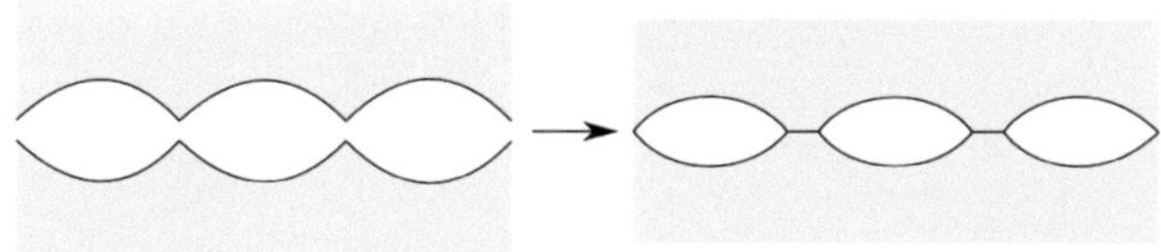

Abbildung 2.9: Schematische Darstellung der Platzierung der beiden Fügeteile. Die Oberflächenrauheiten werden so zueinander ausgerichtet, dass der größtmögliche Hohlraum entsteht.

plastische Deformation auf und die Diffusionsprozesse können ungehindert erfolgen [97].

2.4 Modellierung des Diffusionsschweißens

Die modellhafte Abbildung des Diffusionsschweißens ist in der Literatur vielfach beschrieben [13, 68, 70, 72, 99–104] und unterscheidet sich im Wesentlichen durch die Verwendung einer unterschiedlichen Geometrie der Hohlräume an der Grenzfläche. Oberflächenrauheitsmessungen zeigen, dass die sich ausbildenden Hohlraumgeometrien an der Grenzfläche verschiedene reale Geometrien aufweisen. In allen Modellen wird jedoch dieses Verhalten mit einer identischen Geometrie aller Hohlräume an den Grenzflächen idealisiert, zudem wird der größtmögliche Hohlraum für die Modellierung angenommen [13]. Dieser entsteht, wenn die beiden Fügeflächen so aufeinander gelegt werden, dass die Spitzen der Oberflächenrauheit aufeinander liegen, Abbildung 2.9 verdeutlicht dies. Die Diffusionsschweißmodelle haben allesamt die Zielsetzung die benötigte Diffusionsschweißzeit vorherzusagen. Dafür werden Materialkennwerte sowie Oberflächen- und Prozesskennwerte in unterschiedlichem Umfang einbezogen.

Hamilton [72] entwickelte das erste quantitative Diffusionsschweißmodell und verwendete die Modellvorstellung von dreieckigen Unebenheiten auf jeder Grenzfläche, wie in Abbildung 2.10 a) zu sehen ist. Werden zwei derartige Grenzflächen aufeinandergelegt, entsteht im Extremfall eine auf der Spitze stehende Raute mit gleich langen Seiten. Dieses Modell enthält keine materialspezifischen Parameter und wird an Diffusionsschweißexperimenten einer Ti-6Al-4V Legierung evaluiert [72]. Zur vollständigen Berechnung sind zwei Simulationsstufen erforderlich. Die berechneten Diffusionsschweißzeiten, in Abhängigkeit des Diffusionsschweißdrucks, entsprechen für solch ein

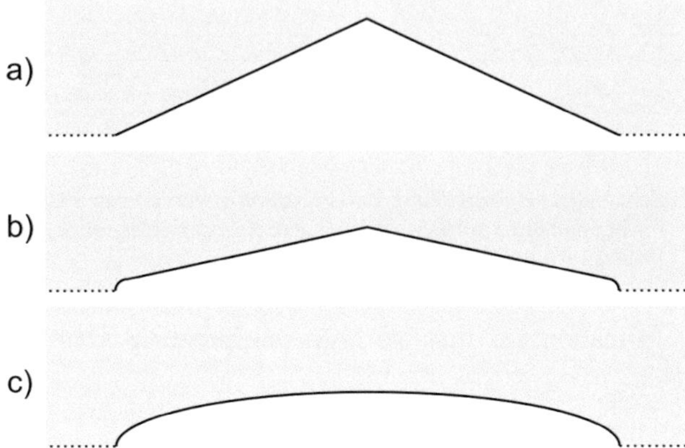

Abbildung 2.10: Schematische Darstellung der unterschiedlichen Oberflächengeometrien, mit denen der Grenzflächenhohlraum modelliert wird. a) Die Hohlräume werden durch Dreiecke beschrieben [72]. b) An der Kontaktfläche werden Viertelkreise an die Dreicksform angefügt [101]. c) Elliptischer Querschnitt des Hohlraums [13].

einfaches Modell gut den experimentellen Ergebnissen. Die Berücksichtigung einer feineren Oberfläche, wie auch der Einfluss der plastischen Verformung, blieb in dieser Modellvorstellung unberücksichtigt [72], obwohl sie zu einem genaueren Ergebnis führen würde, wie spätere Untersuchungen zeigten [68, 101].

Die Oberflächenbeschaffenheit wird in der erweiterten Modellvorstellung von Garmong *et al.* [99] berücksichtigt. Die grundsätzlichen Annahmen sind eine ungleichmäßig raue Oberflächenbeschaffenheit, die während des Diffusionsschweißprozesses gleichmäßig eingeebnet werden muss. Dies geschieht beim Aufeinanderpressen der beiden Fügehälften bei der entsprechenden Diffusionsschweißtemperatur. Die Mechanismen zur Schließung der Hohlräume an der Grenzfläche sind sowohl inelastische Deformationsprozesse als auch leerstellendiffusionsgesteuerte Verformungsprozesse [99]. Die Oberfläche einer mechanisch bearbeiteten Oberfläche wird als bimodale Rauheitsverteilung angenommen. Abbildung 2.11 zeigt die sich über die Fügefläche erstreckende langwellige Welligkeit und die kurzwellige Oberflächenrauheit. Das Schließen der Hohlräume an der Grenzfläche wird in zwei Stufen modelliert. In der ersten Stufe werden die großen Unebenheiten, bedingt durch die Welligkeit, abge-

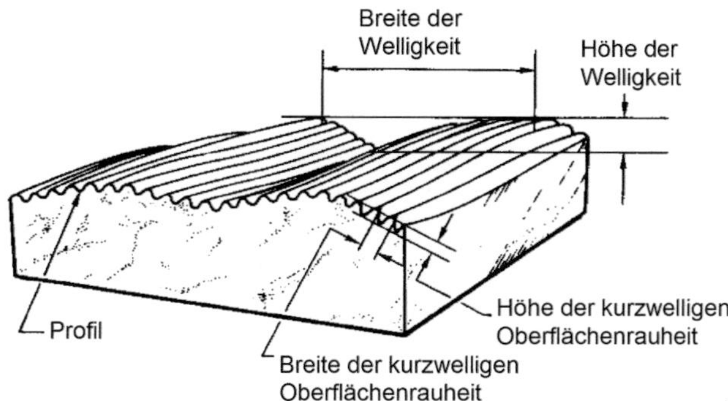

Abbildung 2.11: Schematische Darstellung der Oberflächenrauheit und der Welligkeit der Oberfläche; adaptiert nach [99].

flacht, wobei Kriechprozesse der primäre Verformungsmechanismus sind. Da die Verformung auf relativ langen Distanzen erfolgt, ist der Einfluss der Diffusion zu gering, um ihn hier näher zu betrachten. Das Ziel dieser Angleichung der Welligkeit ist das in Kontakt bringen der beiden Oberflächen. Wenn die kleinen Hohlräume sich berühren können, erfolgt das Schließen dieser Hohlräume durch Diffusions- und Kriechprozesse [99].

Aufgrund des höheren chemischen Potentials einer Leerstelle an der Hohlraumoberfläche wird diese ins Materialinnere diffundieren. Im Umkehrschluss wird entsprechend ein Atom in den Hohlraum diffundieren und diesen Schritt für Schritt schließen. Dieses Modell wurde auch an der Ti-6Al-4V Legierung verifiziert [13, 99]. Die modellierten Schweißzeiten entsprachen den experimentellen. Sowohl bei den Versuchen als auch in den Berechnungen konnte gezeigt werden, dass eine große Welligkeit zu einer deutlich längeren Schweißzeit führt [99].

Die beiden vorgestellten Modelle wurden nur für ein Material verifiziert, eine Allgemeingültigkeit ist somit unsicher. Außerdem sind nicht alle wirkenden Verbindungsmechanismen berücksichtigt, sodass die Vermutung besteht, das Diffusionsschweißen genauer beschreiben zu können [68].

Derby und Wallach [68, 101] erweiterten auf der Grundlage der bestehenden Modelle die modellierten Verbindungsmechanismen und berücksichtigten materialspezifische Kennwerte, damit eine materialunabhängige Berechnung möglich wurde. Es wurde eine Analogie zum Druck-Sintern hergestellt, weshalb die folgenden Verbindungsmechanismen postuliert wurden: es wirken sowohl die Oberflächen- als auch die Volumendiffusion von der Hohlraumoberfläche zu dem Punkt an dem sich die beiden Fügeflächen treffen, wie auch entlang der Grenzfläche. Diese Mechanismen transportieren Atome zu der Verbindungsstelle. Die plastische Deformation und das Kriechen tragen ebenso zum Schließen der Hohlräume bei. In einer Weiterentwicklung des Modells wurde noch der Mechanismus des Verdampfens und der Kondensation von Material an der Hohlraumoberfläche mitbetrachtet [101]. Die Geometrie der modellierten Hohlräume weicht etwas von der vormals verwendeten Dreiecksstruktur ab. An der Grenzfläche wurde ein Radius eingeführt, hingegen bleibt im Materialinnern die Dreiecksspitze erhalten, wobei der Winkel deutlich größer $90°$ ist, diese Hohlraumgeometrie ist in Abbildung 2.10 b) dargestellt. Die lange Seite dieses dreieckigen Hohlraums entspricht der Wellenlänge und beträgt typischerweise zwischen $10\,\mu m$ und $100\,\mu m$ und die Höhe zwischen $0,5\,\mu m$ und $5\,\mu m$. Die Modellierung wurde in zwei Stufen untergliedert, in denen mit unterschiedlichen Geometrien des Hohlraums gerechnet wurde. In der ersten Stufe wurde das in Kontakt bringen der beiden Oberflächen und in der folgenden Stufe wurde das eigentliche Schließen der Hohlräume modelliert. Der Volumenfluss von jedem Mechanismus wurde separat berechnet und aufsummiert [101].

Das Diffusionsschweißmodell nach Hill und Wallach [13] ist eine erneute Weiterentwicklung, die nur noch eine Stufe erfordert und ist in Kapitel 5.1 ausführlich beschrieben. Es beschreibt den Diffusionsschweißvorgang mit einer, im Vergleich zu den anderen Modellen, einfachen aber realitätsnahen Oberflächengeometrie und führt zu einer sehr guten Übereinstimmung der Simulation mit den experimentellen Ergebnissen [82]. Es nähert den Hohlraum mit einem elliptischen Querschnitt an, der in Abbildung 2.10 c) dargestellt ist.

Ein zusammenfassender Vergleich der bestehenden, hier vorgestellten Diffusionsschweißmodelle und ein Ausblick auf das entwickelte Modell dieser Arbeit ist in Tabelle 2.2 gezeigt. Die bestehenden Diffusionsschweißmodelle sind an partikelfreien Materialien entwickelt worden, weshalb eine Verifikation der Anwendbarkeit an ODS Stähle in Kapitel 5 behandelt wird.

2.5 Diffusionsschweißen ferritischer ODS Stähle

Die Verschweißbarkeit von ferritischen ODS Legierungen wird seit einigen Jahren erforscht [56, 67, 96, 105–112]. Gute mikrostrukturelle Eigenschaften konnten durch das Schweißen mit kurzzeitiger Flüssigphase von PM2000 mit MA956 gezeigt werden [110]. Als Zwischenschicht wurden unterschiedlich

Tabelle 2.2: Vergleich der verschiedenen Diffusionsschweißmodelle.

	Hamilton	Garmong	Derby, Wallach	Hill, Wallach	diese Arbeit
	[72]	[99]	[68, 101]	[13]	
Hohlraum-geometrie	Dreieck	Dreieck	Dreieck, runde Ecken	Ellipse	Ellipse
Stufen	2	2	3	1	1
Oberflächen-rauheit	-	√	√	√	√
Transportpfade:					
plastische Deformation	√	√	√	√	√
Oberflächen-diffusion	-	-	√	√	√
Volumen-diffusion, Quelle: Oberfläche	-	√	√	√	√
Verdampfung, Kondensation	-	-	(√)	√	√
Korngrenzen-diffusion	-	-	√	√	√
Volumen-diffusion, Quelle: Grenzfläche	-	-	√	√	√
Kriechen	√	√	√	√	√
Material	Ti-6Al-4V	Ti-6Al-4V	Kupfer	Kupfer, Eisen	ODS Stahl

dicke Borschichten kleiner 1 μm verwendet. Die Schweißungen erfolgten bei 1250 °C, der Druck betrug zwischen 1 MPa und 5 MPa und wurde bis zu 60 min aufgebracht. Das Bor an der Grenzfläche beschleunigt eine Rekristallisation des ODS Gefüges; eine mechanische Charakterisierung wurde nicht durchgeführt [56].

Diffusionsschweißungen von grobkörnigem MA956 wurden hinsichtlich der Stabilität der Oxidpartikel, dem Einfluss des Schweißdrucks und dem Einfluss der Oberflächenrauheit auf die Qualität der Schweißung untersucht [67, 96, 106]. Für die Untersuchung des Einflusses des Schweißdrucks wurde bei 1100 °C für jeweils 60 min ein Druck zwischen 16 MPa und 72 MPa aufgebracht, wobei die Oberflächenrauheit konstant gehalten wurde. Die Zugfestigkeit von diffusionsgeschweißtem Material nimmt mit dem Schweißdruck zu, erreicht allerdings nicht die Festigkeit des Anlieferungszustands. Es wurde beobachtet, dass ein zu geringer Diffusionsschweißdruck zur Ausbildung einer Oxidschicht an der Grenzfläche führt, die die Interdiffusion beeinflusst und somit zu Hohlräumen führt [67]. TEM Untersuchungen von Proben, die bei 1100 °C und 72 MPa für 60 min verschweißt wurden, haben eine bimodale Partikelgrößenverteilung ergeben, wobei sich die Verteilung durch die Diffusionsschweißung nicht geändert hat. Energiedispersive Röntgenspektroskopiemessungen zeigen, dass die sehr kleinen Partikel (< 100 nm) sehr reich an Aluminium, Yttrium und Sauerstoff sind, wohingegen deutlich größere Partikel neben Aluminium vermehrt Titan, Kohlenstoff und Stickstoff aufweisen [106]. Diese Ergebnisse decken sich mit TEM Untersuchungen an PM2000 [60]. Für die Untersuchung des Einflusses der Oberflächenrauheit werden Diffusionsschweißungen bei 1100 °C und 1125 °C und einem Druck von 72 MPa für 60 min durchgeführt. Die Oberflächenrauheit wird zwischen 0,65 μm und 0,062 μm variiert. Sowohl die mikrostrukturellen als auch die mechanischen Untersuchungen zeigen, dass die Schweißung mit der feineren Oberfläche hohlraumfreier ist und die deutlich höheren Festigkeiten aufweist [96].

Die Abbildung des Diffusionsschweißens ohne Flüssigphase von ODS Materialien in einem numerischen Diffusionsschweißmodell wurde bisher noch nicht gezeigt. Die Modellierung des Diffusionsschweißprozesses in dieser Arbeit ermöglicht die Vorhersage von erfolgreichen und materialschonenden Diffusionsschweißparametern.

3 Methodik und experimentelle Durchführung

In diesem Kapitel wird die Kombination von experimenteller mit simulativer Arbeit präsentiert, wie auch die verwendeten Charakterisierungsmethoden und durchgeführten Diffusionsschweißversuche aufgezeigt. Dazu werden sowohl mikroskopische Charakterisierungsmethoden, zur Bestimmung der Mikrostrukturstabilität, als auch mechanische Testverfahren, zur Bestimmung der Festigkeit und Zähigkeit des Materials, verwendet.

3.1 Methodisches Vorgehen

In den bisher entwickelten Simulationsmodellen zum Diffusionsschweißen wurde der Einfluss von oxidischen Nanopartikeln nicht berücksichtigt, wie bereits in Kapitel 2.4 dargelegt wurde. Aus diesem Grund erfolgt in dieser Arbeit eine Modellierung, in der der Einfluss der Oxidpartikel auf das Kriechverhalten und auf die Diffusionsprozesse während des Schweißvorgangs integriert wird. Zur Anwendung des Diffusionsschweißmodells auf das hier untersuchte Material PM2000 sind einige experimentelle Untersuchungen erforderlich, die das Materialverhalten und die Hochtemperaturstabilität des Gefüges unter Diffusionsschweißbedingungen bestimmen.

Untersuchungen der Mikrostrukturstabilität definieren die Temperaturgrenzen der Diffusionsschweißungen und damit auch die des Modells. Denn zu hohe Diffusionsschweißtemperaturen können die Mikrostruktur verändern und können aufgrunddessen zu einem Verlust der Festigkeit und Zähigkeit führen. Die weiteren für das Modell notwendigen Materialeigenschaften werden der Literatur entnommen, wie zum Beispiel die Diffusionskonstanten, oder experimentell bestimmt, wie beispielsweise die temperaturabhängige Festigkeit. Diese Materialgrenzen und Materialeigenschaften sind die Eingangsparameter für das Diffusionsschweißmodell. Abbildung 3.1 zeigt das

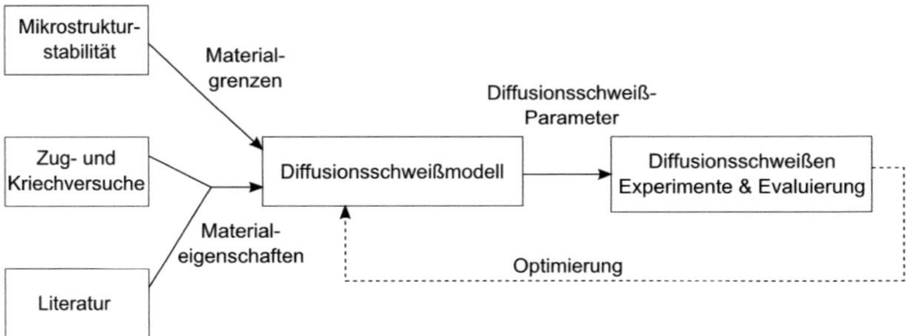

Figure 3.1: Methodisches Vorgehen in dieser Arbeit: Aus der Literatur entnommene oder experimentell bestimmte Materialgrenzen und Materialeigenschaften beschreiben die Randbedingungen des Modells. Es wird ein Diffusionsschweißmodell für ODS Stähle entwickelt, dass die Diffusionsschweißparameter berechnet. Folgende Diffusionsschweißexperimente und anschließende Charakterisierungen evaluieren die Modellierung.

Zusammenspiel und die Abhängigkeiten als Blockschaltbild. Das Diffusionsschweißmodell minimiert unter den gegebenen Randbedingungen die Diffusionsschweißzeit und liefert die entsprechenden Diffusionsschweißparameter: Schweißtemperatur, Schweißdruck sowie die Geometrieparameter der Oberflächenrauheit. Mit diesen simulativ ermittelten Diffusionsschweißparametern werden anschließend Diffusionsschweißexperimente durchgeführt. Eine Evaluation der simulierten Diffusionsschweißparameter erfolgt durch mechanische Tests und mikrostrukturelle Untersuchungen des geschweißten Materials. Diese Ergebnisse sind die Grundlage für eine mögliche weitere Iterationsschleife der Modellierung. Wenn die mechanische und mikrostrukturelle Charakterisierung des verschweißten Materials keine Unterschiede in der Zähigkeit und Festigkeit zu Vergleichsproben ohne Schweißung zeigt, ist der Optimierungsprozess abgeschlossen.

3.2 Mikrostrukturanalyse

Die Mikrostrukturanalyse befasst sich mit der Beurteilung des Gefüges. Diese umfasst neben der Korngröße und Kornorientierung auch die Größe und Verteilung von Ausscheidungen. Bei der Untersuchung von PM2000 ist insbesondere die Beurteilung der Größe und Verteilung der Oxidpartikel und die Korngröße wichtig, da diese maßgeblich in den Verfestigungsmechanis-

Table 3.1: Ätzrezept für die Metallographieproben Präparation.

Chemikalie	Volumenanteil
H_2O, dest.	3
HCl, 37%	2
HNO_3, 65%	1
H_2O_2, 30%	1

mus einfließen. Diese zu untersuchenden Merkmale haben eine Größe im Bereich von einigen Nanometern bis zu einigen Millimetern und für unterschiedliche Größenbereiche sind unterschiedliche mikroskopische Verfahren geeignet [113]. Deshalb wird die lichtmikroskopische Mikrostrukturanalyse des PM2000 durch elektronenmikroskopische Untersuchungen ergänzt.

3.2.1 Lichtmikroskopische Gefügeanalyse

Die lichtmikroskopische Gefügeanalyse umfasst die Probenentnahme, das Einbetten, Schleifen und Polieren und gegebenenfalls das Ätzen der Proben, bevor sie unter dem Lichtmikroskop untersucht werden können [92]. Für diese Untersuchungen werden PM2000 Proben erodiert, kalteingebettet, mit Siliziumkarbid Schleifpapier geschliffen und anschließend mit einer Diamantsuspension poliert. Die Korngröße des PM2000 wird sehr groß erwartet, da das verwendete PM2000 bereits rekristallisiert ist, weshalb die Metallographieproben etwa eine Kantenlänge von 15 mm bis 20 mm aufweisen. Die Kornstruktur ist auf der polierten Oberfläche nicht erkennbar, weshalb die Proben für etwa 30 s geätzt werden, das verwendete Ätzrezept kann Tabelle 3.1 entnommen werden.

Die mikroskopischen Untersuchungen werden mit einem Keyence VHX-1000 Mikroskop durchgeführt. Die Charakterisierung der Korngröße in Kapitel 4.2.1 zeigt eine bimodale Korngrößenverteilung, wobei beide Korngrößen mit dem Lichtmikroskop sichtbar gemacht werden sollen. Dafür werden mehrere Bilder mit entsprechender Vergrößerung aufgenommen und mit der Mikroskopsoftware automatisch zusammengesetzt. Mit dieser Technik kann eine hochauflösende, lichtmikroskopische Aufnahme der verhältnismäßig großen Proben erstellt werden, in der sowohl die kleinen als auch die großen Körner zu erkennen sind und charakterisiert werden können.

Die Bestimmung des mittleren Korndurchmessers erfolgt mit Hilfe des Linienschnittverfahrens [92, 114]. Der mittlere Korndurchmesser der großen

Körner kann allerdings nicht bestimmt werden, da die untersuchte Fläche mit einer Kantenlänge von etwa 15 mm zu klein ist. Somit befinden sich nur Anteile von Körnern in der ausgewerteten Fläche. Auch andere Bestimmungsverfahren, wie beispielsweise das Flächenauszählverfahren, würden eine deutlich größere Anzahl an großen Körnern für eine Bestimmung des mittleren Korndurchmessers erfordern [114]. Allerdings würden sich die nachgehenden Argumentationen bezüglich der großen Korngröße nicht ändern, auch wenn sie genau bestimmt werden könnte.

3.2.2 Rasterelektronenmikroskopie

Die Rasterelektronenmikroskopie wird verwendet um Bruchflächen näher zu charakterisieren. Aufgrund der hohen Tiefenschärfe ist ein Rasterelektronenmikroskop (REM) besonders gut für solche Aufgaben geeignet [115]. Das Abbild der Probe entsteht üblicherweise durch die Detektion von Sekundärelektronen, die bei der Bestrahlung mit Primärelektronen von der Probenoberfläche ausgesendet werden [116], deshalb können REM Untersuchungen nur oberflächennahe Charakteristika ermitteln. Rückstreuelektronen oder Augerelektronen können in speziellen REM Verfahren ebenfalls zur Bildgebung verwendet werden [117], die detaillierte Funktionsweise des REM kann der Literatur entnommen werden [116–118]. In dieser Arbeit wird ein Philips XL30 ESEM verwendet.

3.2.3 Transmissionselektronenmikroskopie

Bei der Transmissionselektronenmikroskopie (TEM) wird eine sehr dünne Probe von bis zu einigen hundert Nanometern mit Elektronen durchstrahlt, TEM Bilder enthalten somit immer die Information des Probenvolumens über die gesamte Dicke der Probe. Die in der Kathode generierten Elektronen werden in mehreren Linsensystemen elektromagnetisch fokussiert und wechselwirken beim Durchstrahlen mit den Atomen der Probe. Diese Wechselwirkungen bewirken eine Ablenkung der Elektronen, die auf einem Leuchtschirm abgebildet, bzw. mit einer Charge-coupled Device (CCD) Kamera aufgezeichnet werden. Die detaillierte Funktionsweise eines TEMs kann der Literatur entnommen werden [113, 117].

Im TEM verliert die Tiefenschärfe an Bedeutung, da die Probendicke so gering ist, dass die gesamte Probentiefe fokussiert werden kann [113]. Wenn in einem Bildausschnitt mehrere Partikel zu sehen sind, können diese, obwohl sie möglicherweise in unterschiedlichen Ebenen liegen, alle gleichzeitig scharf dargestellt werden.

Probenpräparation

Für die TEM Proben werden jeweils dünne Scheiben ($\sim 300\,\mu m$) von den bereits geprüften Kerbschlagbiegeproben mit einer Kantenlänge von $3 \times 4\,mm^2$ abgetrennt. Mit Siliziumkarbid Schleifpapier wird diese dünne Scheibe auf eine Dicke von etwa $100\,\mu m$ geschliffen und es wird eine TEM Probe mit einem Durchmesser von $3\,mm$ ausgestanzt. Anschließend erfolgt das elektrolytische Dünnen in einem TenuPol-5 Elektropoliergerät der Firma Struers, um einen elektronentransparenten Bereich der Probe zu erzeugen. Der verwendete Elektrolyt besteht aus 80 Vol.-% Methanol und 20 Vol.-% 97 %iger Schwefelsäure [119]. Die angelegte Spannung beträgt zwischen 10 V und 12 V und die Polierzeit liegt im Bereich von wenigen Minuten.

Für wenige Proben ist eine Zielpräparation erforderlich, hierfür wird eine TEM Lamelle mit einem fokussierten Ionenstrahl (FIB, *engl. focused ion beam*) präpariert (Nova 200 NanoLab, FEI) [113, 117].

Verwendete TEM Techniken

Das Ziel der TEM Untersuchungen ist die Bestimmung der Größenverteilung und Dichte der Oxidpartikel. Dafür wird ein Bereich mit größer 500 Oxidpartikeln untersucht, um eine signifikante Größenverteilung zu erhalten. Dieses wird durch die Hellfeldaufnahme vieler Einzelbilder mit einer hinreichend großen Auflösung erzielt, damit die Größe der Partikel mit einem Durchmesser von einigen Nanometern bestimmt werden kann. Diese Einzelbilder werden anschließend manuell aneinander gefügt und mit Hilfe der Bildbearbeitungssoftware ImageJ die Durchmesser aller Partikel sowie die Anzahl der Partikel analysiert.

Die Bestimmung der Partikelanzahldichte (kurz Partikeldichte) des untersuchten Materials erfordert neben der Partikelanzahl, die aus der Analyse der Größenverteilung bekannt ist, die Dicke der untersuchten Probe. Zur Dickenbestimmung des untersuchten Bereiches wird das Beugungsverfahren mit einem konvergenten Strahl verwendet [117, 120, 121], wodurch das Beugungsbild in Scheibchen erscheint (2 Strahlbedingung). Diese 2 Strahlbedingungsbilder werden mit einem in die Gatan Digital Micrograph Software implementierten Skript ausgewertet, welches in Hou *et al.* [122] näher beschrieben wurde. Für diese Auswertung ist die Kenntnis der betrachteten Kristallstruktur und der Extinktionslänge erforderlich, wofür zuvor angefertigte Beugungsbilder ausgewertet werden. Diese Auswertung beinhaltet die Bestimmung der Kristallrichtung [113].

Die Bestimmung der chemischen Zusammensetzung erfolgt mittels energiedispersiver Röntgenspektroskopie (EDX, *engl. energy dispersive X-ray spectroscopy*). Dafür wird der Elektronenstrahl fokussiert und die Bilderzeugung erfolgt im Abrasterungsmodus des TEMs (STEM, *engl. scanning transmission electron microscope*). Mit Hilfe der Bilderzeugung kann die Stelle ausgewählt werden, von der die chemische Zusammensetzung bestimmt wird, die räumliche Auflösung der EDX Spektren liegt im Bereich von Nanometern [113].

Geräte

In dieser Arbeit werden drei unterschiedliche TEMs verwendet. Zum einen ein CM30 der Firma Phillips und zum anderen zwei geringfügig verschieden ausgestattete Tecnai F20 der Firma FEI. Alle drei Geräte arbeiten mit einer Beschleunigungsspannung von 200 kV. Die beiden Tecnai-Geräte sind mit einem Gatan Image Filter bestückt und arbeiten mit einer Feldemissionsquelle. Sie unterscheiden sich allerdings in der Auflösung der CCD Kamera mit einer Auflösung von 1024×1024 Pixel bzw. 2048×2048 Pixel.

3.3 Mechanische Charakterisierung

Zur Bestimmung der Materialgrenzen und für die Ermittlung materialspezifischer Eingangswerte für die Modellierung werden mechanische Charakterisierungsmethoden angewandt. Diese sind neben der Härtebestimmung noch Zug-, Kerbschlagbiege- und Kriechversuche.

Trotz der großen Korngröße des verwendeten PM2000 und des kleinen Probenvolumens (Ø : 2 mm, L : 7 mm) wird ein isotropes Werkstoffverhalten angenommen. Dies ist in den zerklüfteten Rändern der Körner begründet, wie sie in Kapitel 4.2.1 charakterisiert werden. Somit sind auch in kleinen Probenvolumina mehrere Kornorientierungen vertreten.

3.3.1 Härtemessung

Die Härte eines Materials beschreibt den Werkstoffwiderstand gegen das Eindringen eines Prüfkörpers. Je größer der Widerstand gegen das Eindrücken des Prüfkörpers ist, desto härter ist ein Material [92].

Die Härte wird nach Vickers unter Anwendung der DIN EN ISO 6507-1 [123] gemessen. Die Härtemessungen werden an einer Zwick Härteprüfmaschine ZHU 2.5 mit einem Vickerseindringkörper durchgeführt. Die aufgebrachte Masse beträgt 3 kg. Die Vickershärte berechnet sich aus der aufgebrachten Masse und der gemittelten Länge der Diagonalen des viereckigen Abdrucks, die unter einem Lichtmikroskop vermessen werden. Der Datenpunkt für die Härte wird aus jeweils fünf Härteeindrücken gemittelt.

3.3.2 Zugversuch

Der Werkstoffwiderstand gegen plastische Deformation wird mit der Dehngrenze beschrieben. Sobald die Dehngrenze erreicht ist, beginnt die Probe sich plastisch zu verformen. Die Detektion der Dehngrenze kann also erst erfolgen, wenn bereits eine erste plastische Verformung erfolgt ist, weshalb die $0,2\,\%$ Dehngrenze $R_{p0,2}$ bestimmt wird [124]. Die mechanische Charakterisierung umfasst sowohl Zugversuche bei Raumtemperatur als auch Zugversuche bei erhöhter Temperatur, sogenannte Warmzugversuche. Mit diesen Warmzugversuchen kann die temperaturabhängige Festigkeit bestimmt werden.

Die Zugversuche und die in Abschnitt 3.3.4 beschriebenen Zugkriechversuche werden an einer Instron Universalprüfmaschine durchgeführt, die mit einem Vakuumofen ausgestattet ist. Die Warmzugversuche werden unter Vakuum durchgeführt, damit mögliche Korrosions- und Oxidationseinflüsse die Ergebnisse nicht beeinflussen. Die Raumtemperaturzugversuche werden bei Umgebungsdruck durchgeführt und mit einer Vorlast von 100 N gefahren, wohingegen die Warmzugversuche bei einem Druck $\leq 5 \cdot 10^{-5}$ mbar und einer Vorlast von lediglich 30 N durchgeführt werden. Die Vorlast wird minimiert, um während des Aufheizens eine möglichst geringe Belastung und Vorschädigung für die Proben zu gewährleisten. Alle Zugversuche werden mit einer Dehnungsrate von $1,4 \cdot 10^{-3}\,\mathrm{s}^{-1}$ gefahren.

Die verwendeten Zugproben weisen eine Länge von 27 mm auf und haben einen nominalen Durchmesser von 2 mm. Die technische Zeichnung kann Anhang 8.1 entnommen werden. Die Proben werden beidseitig in zwei

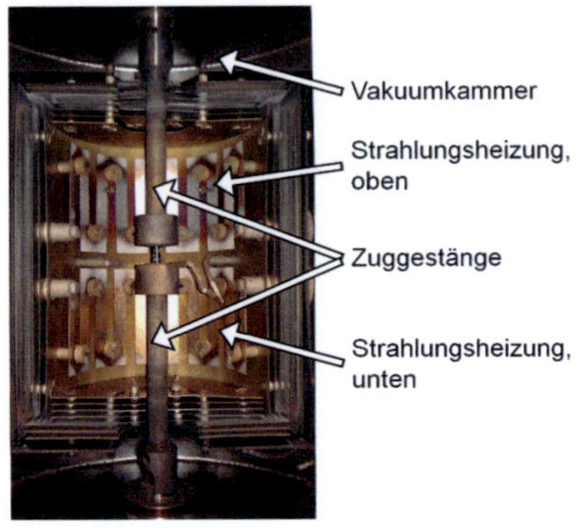

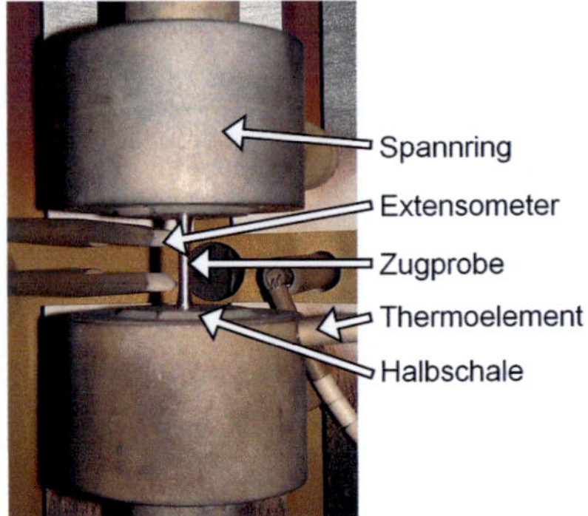

a) Zuggestänge in einer Vakuumkammer, die mit Strahlungsheizern ausgestattet ist.

b) Die eingespannte Zugprobe wird durch zwei Halbschalen geführt und jeweils mit einem Spannring befestigt.

Figure 3.2: Fotografische Abbildung der Zugprüfanlage: a) Übersichtsaufnahme und b) Detailaufnahme der Probenspannvorrichtung und Dehnungsmessvorrichtung.

Halbschalen gelegt, die mit einem Spannring fixiert und uniaxial belastet werden, wie in Abbildung 3.2 b) dargestellt.

Das Aufheizen der Warmzugversuche erfolgt mit einer Strahlungsheizung, die in der Vakuumkammer verbaut ist. Abbildung 3.2 a) zeigt eine Fotografie dieses Versuchsaufbaus. Die Aufheizrate beträgt 20 K/min und die maximale Temperatur 1500 °C. Die Probentemperatur wird während des Versuchs am unteren Spannring gemessen, der im Vorfeld kalibriert wurde [82]. Überschwinger im Regelkreis werden durch eine Haltezeit der Solltemperatur von 20 min abgefangen, bevor die Last aufgebracht wird.

Die Dehnung wird mit einem Dehnungssensor der Firma Maytec aufgenommen, der eine maximale Einsatztemperatur von 1500 °C aufweist. Die Schneiden aus Keramik werden vor dem Versuch an die Probe gefahren und die Probenverlängerung der Messlänge wird während des Versuchs aufgezeichnet, diese Versuchsanordnung ist in Abbildung 3.2 b) dargestellt. In der anschließenden Versuchsauswertung werden aus der aufgezeichneten Kraft und Verlängerung die Spannungs- und Dehnungswerte berechnet.

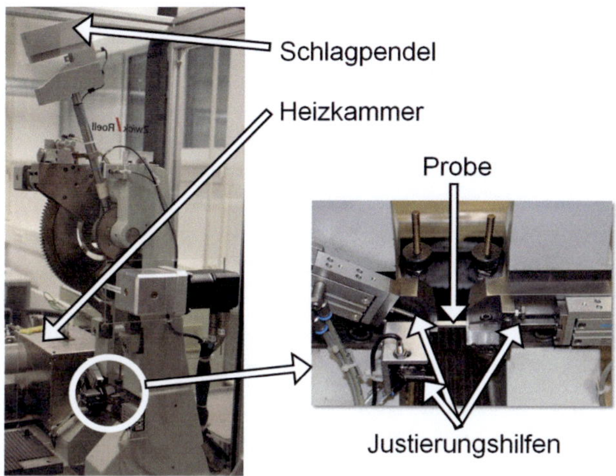

Figure 3.3: Fotografie der verwendeten Kerbschlagbiegeprüfanlage.

3.3.3 Kerbschlagbiegeversuch

Die Bewertung der Zähigkeit eines Werkstoffs erfolgt mit dem Kerbschlag-biegeversuch. Dieser Versuch ermöglicht das Werkstoffverhalten unter mehrachsiger Beanspruchung im Kerbgrund zu untersuchen [92, 118]. Dafür wird ein Pendelschlagwerk mit einer vorgegebenen kinetischen Energie auf eine gekerbte Probe fallen gelassen, wodurch die Probe bricht. Die verbrauchte Arbeit des Hammers wird über die Auslenkung des Pendels bestimmt und entspricht der Kerbschlagarbeit. Typischerweise tritt mit abnehmender Prüftemperatur eine Versprödung des Werkstoffs auf [77].

In dieser Arbeit wird eine Kerbschlagbiegeprüfmaschine der Firma Zwick verwendet, die in Abbildung 3.3 dargestellt ist. Die Geometrie der Kerbschlag-biegeproben weist einen Querschnitt von $3 \times 4\,\mathrm{mm}^2$, bei einer totalen Länge von $27\,\mathrm{mm}$ auf, diese Proben werden nach DIN50115 [125] gefertigt [126, 127]. Der Übergang vom spröden zum duktilen Werkstoffverhalten liegt bei PM2000 oberhalb der Raumtemperatur [128], sodass Versuche zwischen Raumtemperatur und der mit dieser Anlage maximalen Prüftemperatur von $550\,^\circ\mathrm{C}$ durchgeführt werden.

3.3.4 Kriechversuch

Im Kriechversuch wird das zeitabhängige inelastische Werkstoffverhalten unter konstanter Last untersucht und es kann das Kriechgesetz bestimmt werden. In der Modellierung des Diffusionsschweißprozesses sind Kriechprozesse ein möglicher Mechanismus zur Schließung der Hohlräume an der Grenzfläche. Aufgrunddessen werden die hier durchgeführten Kriechversuche unter Diffusionsschweißbedingungen durchgeführt, um die entsprechenden Gesetzmäßigkeiten zu bestimmen. Typische Zeiten für Diffusionsschweißungen liegen im Bereich von einigen wenigen Stunden [74], weshalb das Kriechverhalten für einen Zeitraum von maximal 4 h untersucht wird.

Es werden sowohl Druckkriechversuche als auch Zugkriechversuche verwirklicht. Die Druckkriechversuche, wie auch die in Abschnitt 3.4 beschriebenen Diffusionsschweißversuche, werden an einer Instron Universalprüfmaschine mit Vakuumkammer und Strahlungsheizung durchgeführt. Die Ausführung entspricht der Prüfmaschine, mit der die Zugversuche realisiert werden, allerdings ist in dieser Anlage ein Druckgestänge aus Aluminiumoxidrohren mit Drucktellern aus Wolfram montiert. Die Druckkriechproben sind zylindrisch mit einem Durchmesser von 10 mm und einer Höhe von 14 mm.

Die Kriechprobe wird mittig zwischen den beiden Drucktellern montiert, um eine gleichmäßige Krafteinleitung in die Probe sicherzustellen, wie in Abbildung 3.4 zu sehen ist. Die Temperaturmessung während des Versuchs erfolgt über einen Titan-Zirkonium-Molybdän (TZM) Block, der neben der Probe liegt. Der TZM-Block wird im Vorfeld mit der Kriechprobe kalibriert [82], dieses Vorgehen ist identisch zu der Kalibration bei den Zugversuchen. Keramikklötze zwischen dem Druckteller und der Probe dienen der Wärmedämmung durch Wärmeleitung und sind mit Bornitrid besprüht, damit keine Verschweißung zwischen der Probe und dem Druckteller erfolgt. Zusätzlich ermöglicht die Bornitridschicht ein ausreichend hohes Gleiten der Stirnflächen der Proben. Die Dehnungsmessung erfolgt mit einem induktiven Wegmesssystem, dass die Dehnung über drei Stäbe aus Aluminiumoxid aufnimmt. Zwei Stäbe befinden sich seitlich der Probe und ein kürzerer mittig unterhalb der Druckplatte. Während der Aufheizphase ist die Kriechprobe bereits mit einer Vorlast von 100 N beaufschlagt. Der Druckkriechversuch erfolgt kraftgesteuert und wird mit konstanter Spannung durchgeführt. Die Kraft wird beaufschlagt, nachdem sich die Solltemperatur stabilisiert hat.

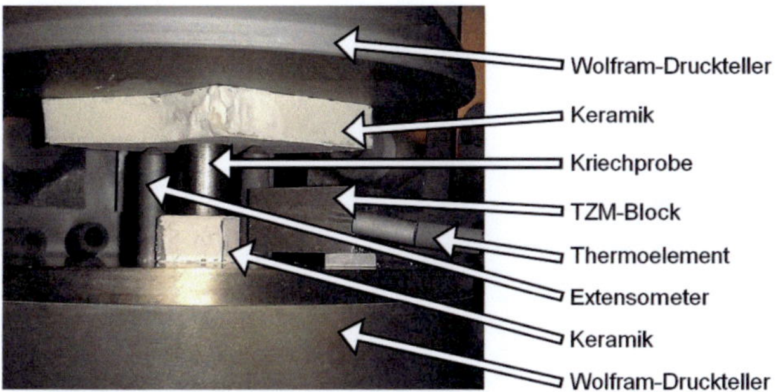

Figure 3.4: Fotografische Abbildung des Kriechversuchs.

Die Zugkriechversuche werden an derselben Instron Universalprüfmaschine, wie auch die Zugversuche, durchgeführt und die Probengeometrie entspricht ebenfalls der der Zugversuche, siehe Abschnitt 3.3.2. Die Vorlast für die Zugkriechversuche wird im Gegensatz zu den Zugversuchen noch weiter minimiert und beträgt 20 N. Der Probendurchmesser ist bei den Zugkriechversuchen im Gegensatz zu den Druckkriechversuchen deutlich kleiner, sodass die Spannung bei einer Vorlast von 100 N bereits zu einer Kriechverformung während der Aufheizphase führen würde. Nach der Aufheizphase wird die Probe mit der Prüflast beaufschlagt und der Versuch wird entweder bis zum Versagen der Probe gefahren oder nach dem Ablauf von 4 h abgebrochen. Der Zugkriechversuch wird mit konstanter Kraft gefahren und die wahre Spannung steigt mit der Verformung der Probe und der dadurch verursachten Kontraktion, die sich mit der Einschnürung der Probe beschleunigt.

3.4 Diffusionsschweißversuch

Die Proben für das Diffusionsschweißen weisen einen quadratischen Querschnitt mit einer Kantenlänge von 18 mm und einer Höhe zwischen 18 mm und 22 mm auf. Die Stirnflächen werden so geschliffen, dass linienförmige Schleifriefen zu erkennen sind und der Modellvorstellung der Hohlräume mit einem elliptischen Querschnitt an der Grenzfläche mit unendlicher Ausdehnung möglichst nahe kommen, wie in Kapitel 2.2 eingeführt wurde.

Für die Modellierung des Diffusionsschweißversuchs ist die Kenntnis der Breite und Höhe der Einheitszelle wichtig. Zur Bestimmung der Breite und

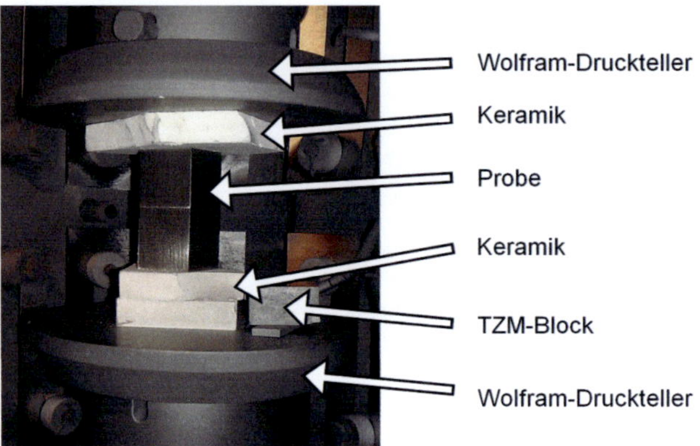

Figure 3.5: Fotografische Abbildung der Versuchsanordnung während einer Diffusionsschweißung.

Höhe der Einheitszelle wird die Oberflächenrauheit quer zu den Schleifriefen berührungslos gemessen. Dafür wird das Oberflächenmessgerät MicroProf 100 der Firma FRT verwendet.

Vor dem Einbau der Diffusionsschweißproben werden diese für 15 min in Aceton im Ultraschallbad gesäubert, um organische Verunreinigungen und mögliche Schleifrückstände von der Fügefläche zu entfernen. Die beiden Diffusionsschweißproben werden so aufeinander gesetzt, dass die Schleifriefen parallel verlaufen.

Die Diffusionsschweißungen werden in derselben Instron Universalprüfmaschine durchgeführt, in der auch die Druckkriechversuche prozessiert werden. Bei den Diffusionsschweißungen wird allerdings der Dehnungsaufnehmer demontiert, sodass die Druckplatten die Proben zusammenpressen können. Zur thermischen Dämmung zwischen der Probe und der Druckplatte oben und unten wird eine mit Bornitrid besprühte Keramikplatte verwendet, wie in Abbildung 3.5 zu sehen ist.

Nach dem Erreichen der Solltemperatur wird diese für weitere 20 min gehalten bevor die Probe mit der entsprechenden Kraft beaufschlagt wird. Die Diffusionsschweißungen werden in einem Zeitraum zwischen 1 h und 2 h durchgeführt. Aus diesen Diffusionsschweißproben werden nach der erfolgreichen Schweißung sowohl Zugproben, Kerbschlagbiegeproben, als auch Metallographieproben entnommen. Die Metallographieproben haben

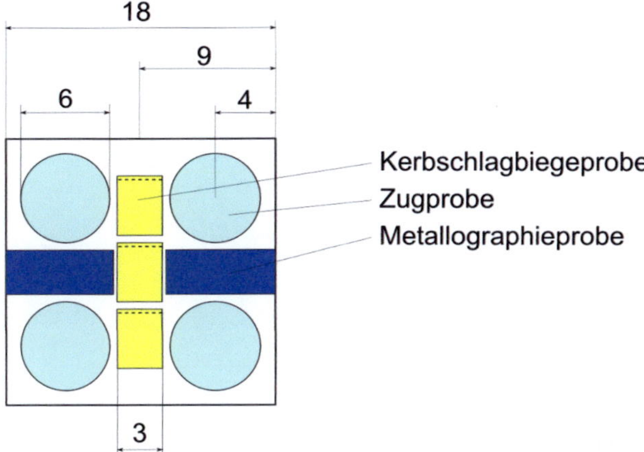

Figure 3.6: Zeichnung der Querschnittsfläche einer diffusionsgeschweißten Probe mit den Entnahmepositionen der Proben zur mechanischen und mikrostrukturellen Charakterisierung.

typischerweise Abmessungen von $7 \times 3 \times 15\,\text{mm}^3$, Abbildung 3.6 zeigt die Probenentnahme der geschweißten Proben schematisch. Die Zug- und Kerbschlagbiegeproben weisen die identische Geometrie zu den oben beschriebenen Proben auf. Bei der Probenfertigung wird darauf geachtet, dass die Schweißnaht exakt in der Mitte der Proben liegt, damit bei den anschließenden mechanischen Charakterisierungsverfahren die Schweißnaht und nicht das Grundmaterial getestet wird.

4 Charakterisierung von PM2000

Die Ziele der in diesem Kapitel berichteten Arbeiten sind die Bestimmung von Eingangsparametern für die Simulation wie auch die Ermittlung von Randbedingungen der Modellierung der Diffusionsschweißungen. Die Simulation des Diffusionsschweißens von PM2000 mit PM2000 erfordert sowohl einige Materialkennwerte des Grundmaterials, beispielsweise die Korngröße, Dehngrenze oder das Schubmodul, als auch Materialkennwerte unter Diffusionsschweißbedingungen. Hierzu zählen das Hochtemperaturkriechverhalten und die Warmzugfestigkeit. Die Reaktion des Materials auf die mechanischen Spannungen bei hoher Temperatur wird in Warmzugversuchen und Kriechversuchen untersucht.

4.1 Material

Der verwendete PM2000 Rundstab hat einen Durchmesser von 100 mm und eine Länge von 500 mm. Nach dem mechanischen Legieren wurde der Rundstab durch Strangpressen hergestellt und deshalb ist das Gefüge in Extrusionsrichtung stark texturiert. Zusätzlich wurde das PM2000 einer rekristallisierenden Wärmebehandlung unterzogen, sodass ein grobkörniges Gefüge der Kornklasse 6 vorliegt [61].

Die mechanischen Kennwerte wie auch die materialspezifischen Kennwerte sind stark von der Untersuchungsrichtung, quer oder längs zum texturierten Gefüge, abhängig [129]. In dieser Arbeit werden alle mechanischen Untersuchungen entlang der Extrusionsrichtung durchgeführt. Zum einen ist die Festigkeit des Materials in Extrusionsrichtung höher als quer zur Extrusionsrichtung [130] und zum anderen werden etwaige Bauteile ebenfalls nach Möglichkeit in Extrusionsrichtung belastet. Die mikrostrukturellen Untersuchungen werden vorzugsweise ebenfalls entlang der Extrusionsrichtung durchgeführt, allerdings werden in Einzelfällen auch Proben für TEM Untersuchungen quer zur Extrusionsrichtung entnommen. Aufgrund der sehr großen Körner und dem sehr kleinen Probenvolumen von TEM Proben ist die Kornorientierung in diesem Fall bedeutungslos.

4.2 Homogenitätsuntersuchung des Rundstabs

Die mechanischen und mikrostrukturellen Veränderungen nach Auslagerungen oder Diffusionsschweißungen sollen auf die verwendeten Parameter zurückzuführen sein. Aus diesem Grund wird der Rundstab auf seine mechanische und mikrostrukturelle Homogenität über den Rundstabquerschnitt untersucht. Es soll vermieden werden, dass die unterschiedlichen mechanischen Eigenschaften der diffusionsgeschweißten Proben auf lokale Materialinhomogenitäten zurückgeführt werden können und nicht beispielsweise auf eine differierende Diffusionsschweißtemperatur.

Zur Materialcharakterisierung werden sowohl mechanische Kennwerte untersucht als auch mikrostrukturelle Kenngrößen ermittelt. In Zugversuchen werden die Zugfestigkeit, Streckgrenze und Bruchdehnung ausgewertet. Die Schlagenergie wird in Kerbschlagbiegeversuchen untersucht und die Härte wird nach Vickers ermittelt. Die mikrostrukturellen Untersuchungen umfassen die Korngröße sowie die Partikelgrößenverteilung und Partikeldichte. Die Bestimmung der Partikelgrößenverteilung und -dichte erfolgt mit Hilfe eines TEMs.

Der Querschnitt des Rundstabs wird in 6 konzentrische Bereiche unterteilt. Der Radius des mittleren Kreises beträgt 8 mm und die konzentrischen Ringe haben jeweils eine Ringbreite von 8 mm. Eine Ausnahme ist der äußere Ring, der eine Ringbreite von 10 mm aufweist. Aus jedem dieser Bereiche werden Zugproben entnommen, während für die Kerbschlagbiege- und Metallographieuntersuchungen nur Proben aus dem mittleren und dem äußeren Bereich entnommen werden.

4.2.1 Mikrostruktur

Lichtmikroskopische Untersuchungen an angeätztem PM2000 zeigen ein stark texturiertes Korngefüge, die Körner liegen entlang der Rundstabachse und haben eine Länge von einigen Millimetern, wie in Abbildung 4.1 a) zu sehen ist. Im Querschnitt des Rundstabs zeigt sich eine bimodale Korngrößenverteilung, wobei die beiden Maxima im Bereich von 2 mm bis 5 mm bzw. einigen

a)

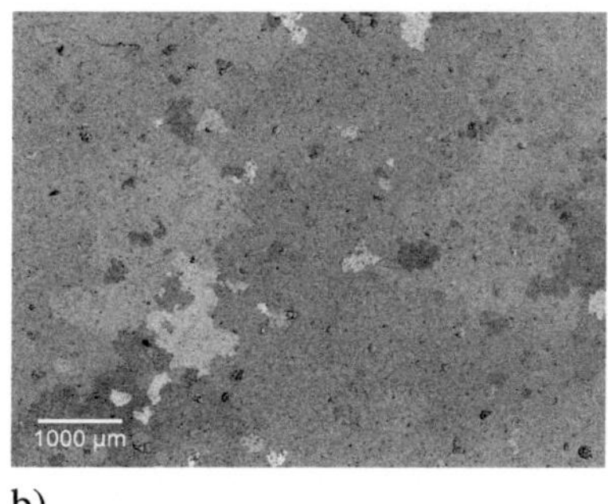
b)

Abbildung 4.1: Lichtmikroskopische Aufnahmen von angeätztem PM2000 a) Korngefüge längs und b) quer zur Extrusionsrichtung [131].

Mikrometern liegen. In Abbildung 4.1 b) sind Teile von drei großen Körnern sowie eine Vielzahl von kleinen Körnern zu erkennen.

Mit Hilfe des TEM wird die Partikelgrößenverteilung und die Partikeldichte bestimmt, wie in Kapitel 3.2.3 eingeführt, wofür je eine Probe aus dem mittleren und dem äußeren Bereich entnommen wird. Es ist kein signifikanter Unterschied in den Partikelgrößenverteilungen der beiden untersuchten Proben zu erkennen. Wie in Abbildung 4.2 dargestellt, liegt die häufigste Partikelgröße bei einem Durchmesser von 20 nm. Die Partikeldichte in der Rundstabmitte ist mit $4{,}7 \cdot 10^{-7}\,\mathrm{nm}^{-3}$ etwa halb so groß wie am äußeren Rand mit einer Partikeldichte von $9{,}2 \cdot 10^{-7}\,\mathrm{nm}^{-3}$. Dieser Unterschied bestätigt die Inhomogenität über den Rundstabquerschnitt und begründet eine detaillierte Untersuchung des Festigkeitsverhaltens durch mechanische Werkstoffprüfverfahren.

4.2.2 Mechanische Charakterisierung

Für die mechanische Charakterisierung werden sowohl Zugversuche als auch Kerbschlagbiegeversuche durchgeführt. Zusätzlich wird die Härte an den Metallographieproben gemessen.

Abbildung 4.3 zeigt die Spannungs- und Dehnungsverläufe über den Radius des Rundstabs bei Raumtemperatur. Aus jedem Bereich werden drei Zugproben entnommen und getestet. Es ist der Mittelpunkt des jeweiligen Bereichs auf der x-Achse im Diagramm angegeben. Die Zugfestigkeit ist in den Bereichen

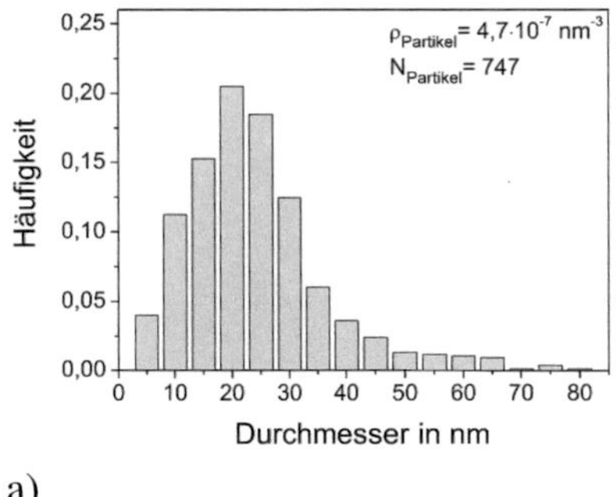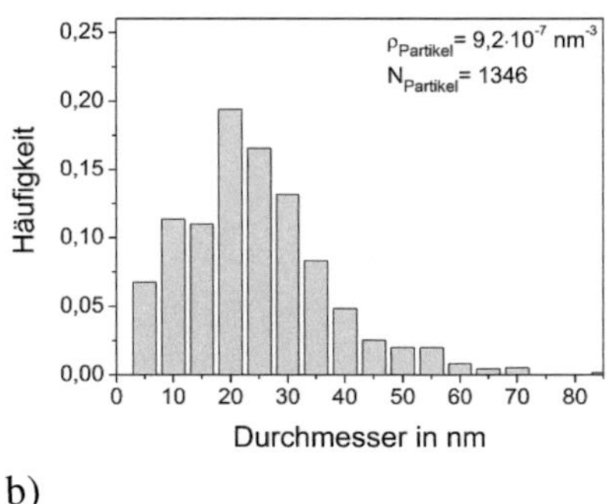

a)   b)

Abbildung 4.2: Partikelgrößenverteilungen von PM2000 im Anlieferungszustand. a) Mitte des Rundstabs und b) Randbereich des Rundstabs.

1 bis 3 nahezu konstant und nimmt zum Rand des Rundstabs hin ab. Die $R_{p0,2}$ Dehngrenze verhält sich wie die Zugfestigkeit, wobei die Abnahme zum Rand noch stärker ausgeprägt ist. Sowohl die Gleichmaßdehnung als auch die Bruchdehnung der Proben nehmen zum Rand des Rundstabs zu, da das Material dort duktiler ist.

Die Kerbschlagbiegeproben werden nur aus der Mitte (Bereich 1) und dem Rand (Bereich 6) des Rundstabs entnommen. Allerdings werden jeweils Proben mit dem Kerb senkrecht und parallel zum Radius entnommen, wodurch unterschiedliche Rissmechanismen bewertet werden. Abbildung 4.4 zeigt, dass die Kerbschlagbiegeenergie eine deutlich höhere Abhängigkeit von der Lage der Kerbe aufweist als die Entnahmeposition der Probe. Der Rundstab weist bei Raumtemperatur grundsätzlich ein sprödes Verhalten auf, da die maximale Kerbschlagenergie bei $0,15\,$J liegt. Eine Probe mit einer Kerborientierung parallel zum Radius weist, verglichen mit einer Probe mit der Kerborientierung senkrecht zum Radius, in der Mitte des Stabs relativ gesehen ein duktileres und am Rand ein spröderes Verhalten auf.

Die Härte des PM2000 wird ebenfalls nur in der Mitte und am Rand des Rundstabs vermessen. Hierzu wird die Härtemessung nach Vickers verwendet und mit einer Eindringmasse von $3\,$kg gearbeitet. Die Härte unterscheidet sich nur leicht, wobei in der Mitte des Rundstabs eine Härte von $279\,$HV3 und am Rand eine von $268\,$HV3 gemessen wird. Beide Werte liegen unterhalb der Herstellerangabe von $290\,$HV10 [61].

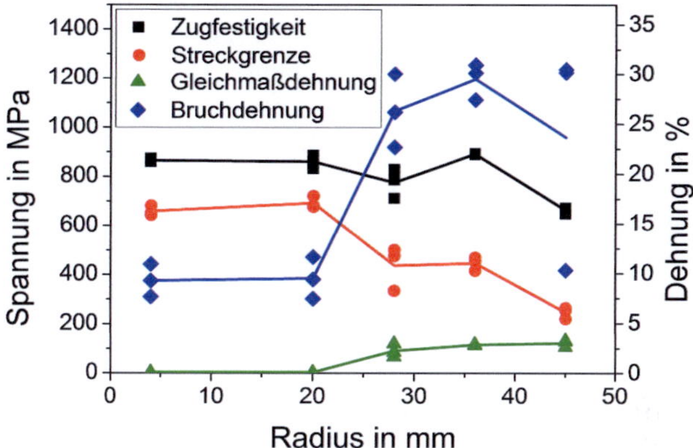

Abbildung 4.3: Charakterisierung bei Raumtemperatur von PM2000 im Anlieferungszustand. Die Zugfestigkeit, Streckgrenze, Gleichmaßdehnung und Bruchdehnung sind in Abhängigkeit des Radius aufgetragen.

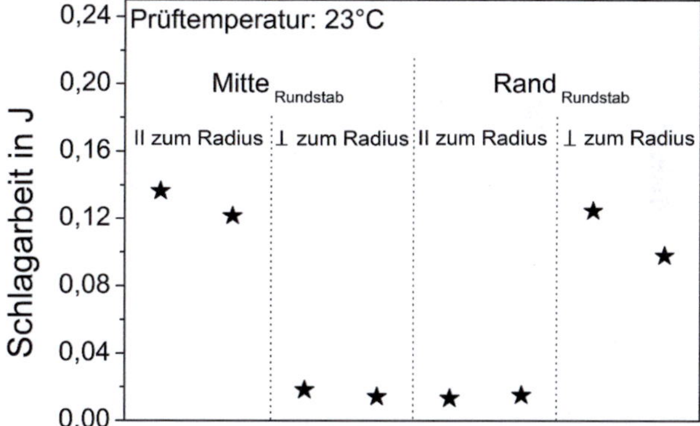

Abbildung 4.4: Kerbschlagbiegeversuche bei 23 °C. Es wird Material vom Rand und aus der Mitte des Rundstabs untersucht. In beiden Bereichen wird zwischen Proben mit einem Kerb parallel bzw. senkrecht zum Rundstabradius unterschieden und jeweils 2 Proben getestet. Der Einfluss der Orientierung des Kerbs ist größer als der Einfluss der Entnahmeposition. Bei Raumtemperatur weist PM2000 ein sprödes Verhalten auf.

Die Homogenitätsuntersuchungen des verwendeten Rundstabs ergeben in den inneren drei Bereichen ein homogenes Materialverhalten. Die Untersuchungen der Partikelgrößenverteilung, Partikeldichte, Härte und Kerbschlagbiegeversuche ergeben keinen signifikanten Hinweis auf ein inhomogenes Materialverhalten über den Rundstabquerschnitt. Im Gegensatz dazu weisen die Zugfestigkeit und Streckgrenze sowie die Gleichmaß- und Bruchdehnung ein inhomogenes Verhalten über den Rundstabquerschnitt auf. Für die weiteren Untersuchungen wird der Bereich des Rundstabs ausgewählt, in dem die Kennwerte aus dem Zugversuch einen konstanten Verlauf aufweisen. Dieses entspricht den inneren Bereichen mit einem Durchmesser von 48 mm.

4.3 Auslagerungsversuche

Der Diffusionsschweißprozess wirkt wie eine zusätzliche Wärmebehandlung auf die Mikrostruktur des zu schweißenden Materials. Die Diffusionsschweißparameter sollten so gewählt werden, dass die Mikrostruktur keine signifikanten Änderungen durch den Diffusionsschweißprozess erfährt und somit das Festigkeits- und Zähigkeitsverhalten vergleichbar zum Ausgangsmaterial bleibt. Zur Bestimmung der optimalen Parameter des Schweißprozesses werden unterschiedliche Wärmebehandlungen bei verschiedenen Temperaturen durchgeführt. Die ausgelagerten Proben werden sowohl mechanisch als auch mikrostrukturell untersucht. Bei der Mikrostrukturuntersuchung werden im Besonderen die Korngröße sowie die Partikelgröße und -verteilung als Maß für die Temperaturstabilität herangezogen. Erfolgt keine Änderung dieser Kennwerte, wird angenommen, dass sich die Mikrostruktur nicht verändert hat und dem Grundmaterial entspricht. Ergänzend dienen Zähigkeitswerte, Zugfestigkeiten und die Härte nach Vickers als Maß für die mechanische Charakterisierung. Die Materialcharakterisierung nach unterschiedlichen Wärmebehandlungen hat das Ziel der Definition einer maximalen Diffusionsschweißtemperatur.

Die Wärmebehandlungen erfolgen in einem größeren Temperaturbereich (600 °C bis 1400 °C), als für Diffusionsschweißungen von nicht ODS Materialien typisch ist, wie in Kapitel 2.2 näher beschrieben ist. Die Oxidpartikel haben einen maßgeblichen Einfluss auf die Mikrostruktur und somit die mechanischen Eigenschaften, weshalb die geeigneten Diffusionsschweißtemperaturen für ODS Stahl außerhalb des typischen Temperaturbereichs liegen können. Die erwartete Diffusionsschweißzeit liegt zwischen 1 h und 4 h, weswegen eine Auslagerungszeit von 4 h gewählt wird. Diese Auslagerungszeit liegt an der oberen

Grenze der zu erwartenden Schweißzeit, um die maximal auftretenden Änderungen der Mikrostruktur ermitteln zu können.

Die Wärmebehandlungen werden, wie auch der Diffusionsschweißprozess, im Vakuum bei einem Druck $\leq 10^{-5}$ mbar durchgeführt, um Oxidations- und Korrosionsprozesse zu vermeiden. Die Auslagerungen der verschiedenen Proben werden bei 600 °C, 800 °C, 1000 °C, 1100 °C, 1200 °C, 1300 °C und 1400 °C für jeweils 4 h durchgeführt.

4.3.1 Mikrostruktur

Die Mikrostrukturuntersuchungen umfassen sowohl die Bestimmung der Korngröße des Gefüges als auch die Oxidpartikeldichte und -verteilung. Die Dimensionen der Korngrößen von einigen Millimetern und die Größe der Nanopartikel von einigen 10 Nanometern machen den ergänzenden Einsatz von Lichtmikroskopie und TEM notwendig.

Korngröße

Lichtmikroskopische Untersuchungen zeigen eine bimodale Korngrößenverteilung sowohl für das Ausgangsmaterial als auch für das ausgelagerte Material. Diese Proben sind in Abbildung 4.5 dargestellt. Die größeren Körner weisen einen Durchmesser von einigen Millimetern auf, wohingegen die kleineren nur einen Durchmesser von wenigen hundert Mikrometern aufweisen. Die untersuchten Proben haben eine Kantenlänge von etwa 15 mm. Diese Fläche ist zu klein, um eine genaue Aussage über die Korngröße der großen Körner zu treffen und damit ihr eventuelles Kornwachstum zu bestimmen. Im Folgenden bezieht sich die Angabe der Korngröße daher immer auf die kleineren Körner der bimodalen Korngrößenverteilung.

Die Korngrößenbestimmung der kleineren Körner wird mit Hilfe des Linienschnittverfahrens durchgeführt [114]. Der mittlere Korndurchmesser der ausgelagerten Proben ist bis zu einer Auslagerungstemperatur von 600 °C konstant bei etwa 200 µm und wächst mit zunehmender Wärmebehandlungstemperatur auf bis zu 480 µm bei 1400 °C, wie in Abbildung 4.6 zu sehen ist.

Die Untersuchung des mittleren Korndurchmessers dient zum einen der Evaluation des Gefüges und zum anderen der Entscheidung ob die Diffusionsprozesse entlang einer Korngrenze, die auf den elliptischen Hohlraum stößt, bei der Modellierung berücksichtigt werden müssen. Dieses ist notwendig, da das

Diffusionsschweißmodell von Hill und Wallach das Diffusionsverhalten entlang der Grenzfläche, äquivalent zu einer Korngrenzendiffusion beschreibt und Korngrenzen die auf den Hohlraum mit elliptischem Querschnitt stoßen zusätzlich berücksichtigt werden müssen, wie in Kapitel 5.1 und Hill und Wallach [13] beschrieben ist. Bei einem Gefüge mit einer mittleren Korngröße, die deutlich kleiner als die Breite der Einheitszelle ist, müssen diese Korngrenzen in die Modellierung der Diffusionsprozesse zusätzlich zu der Grenzfläche einfließen. Die typische Breite einer Einheitszelle liegt etwa zwischen 2 µm und 15 µm, das Ausgangsmaterial weist allerdings einen mittleren Korndurchmesser von etwa 200 µm auf. Die Auslagerungen führen zu einem weiteren Kornwachstum bis auf 480 µm bei einer Auslagerungstemperatur von 1400 °C. Der Einfluss von zusätzlichen Korngrenzen entlang des elliptischen Hohlraums wird für PM2000 deshalb vernachlässigt, da bereits der mittlere Korndurchmesser des Augsgangsmaterials hinreichend größer als die typische Breite einer Einheitszelle ist.

Partikeldichte und Partikelgrößenverteilung

Die Hochtemperaturfestigkeit von PM2000 beruht auf den homogen verteilten Yttriumoxidpartikeln. Eine Vergröberung der Oxidpartikel führt zu einem Verlust der Festigkeit [14]. Aus diesem Grund wird die Veränderung der Partikelgrößenverteilung und die Partikeldichte als Maß für die Hochtemperaturstabilität verwendet. Die Oxidpartikel in der Stahlmatrix sind kein reines Yttriumoxid, denn während der pulvermetallurgischen Herstellung des PM2000 bilden sich thermodynamisch stabilere Oxide als das reine Yttriumoxid aus [132]. Dieses sind beispielsweise Yttriumaluminiumoxid Perovskit (YAP, $YAlO_3$), Yttriumaluminiumoxid Granat (YAG, $Y_3Al_5O_{12}$) sowie α- und γ-Aluminiumoxid [59, 60, 132]. Die Partikel werden in dieser Arbeit nicht näher charakterisiert und es wird angenommen, dass alle Partikel einer Größe ein vergleichbares Hindernis für die Versetzungsbewegung darstellen, wie auch Bako *et al.* [133] für die Simulation der Partikelversetzungsinteraktion keine Differenzierung angenommen hat. Somit tragen alle Partikel gleicher Größe in gleichem Maße zur Verfestigung bei.

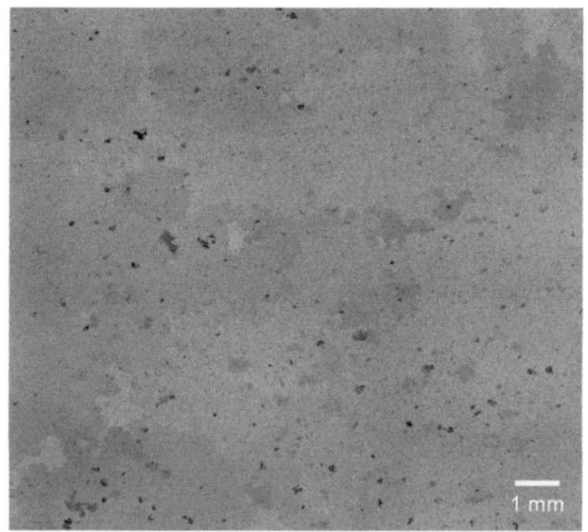

a) Anlieferungszustand.

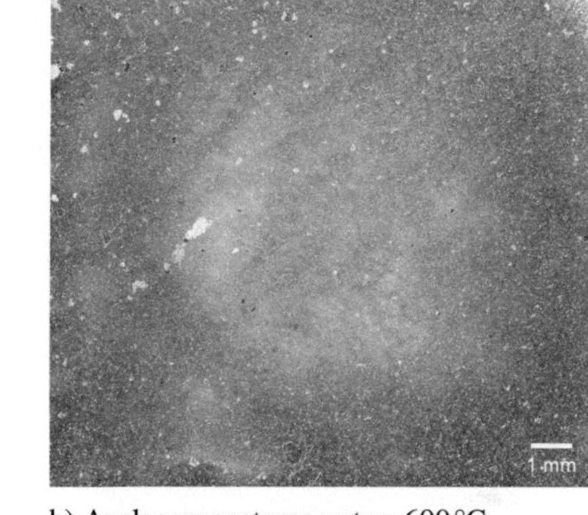

b) Auslagerungstemperatur: 600 °C.

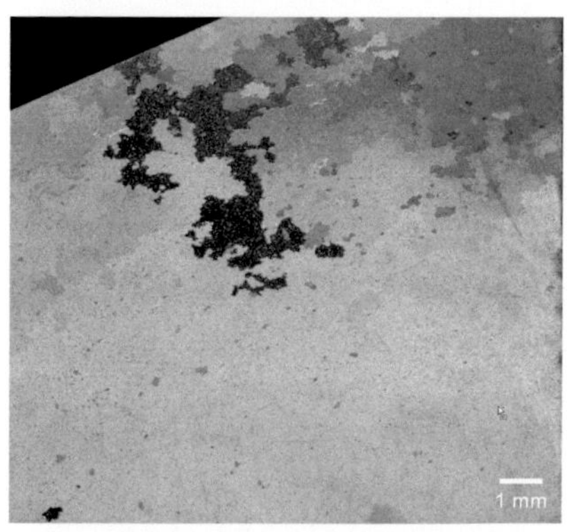

c) Auslagerungstemperatur: 800 °C.

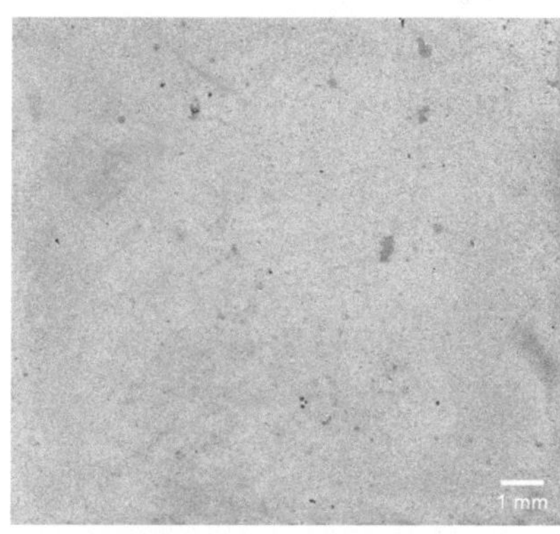

d) Auslagerungstemperatur: 1000 °C.

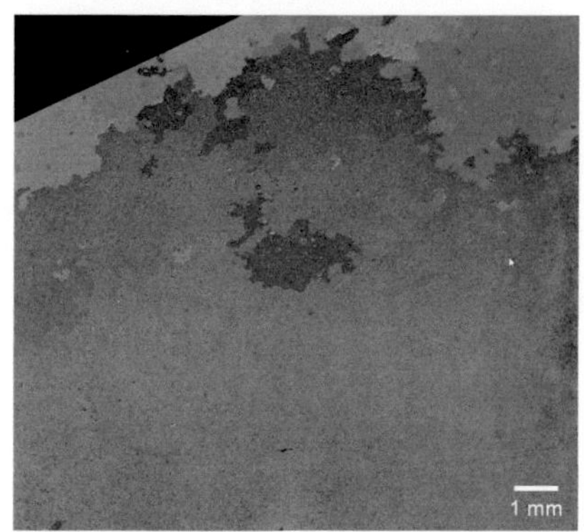

e) Auslagerungstemperatur: 1100 °C.

f) Auslagerungstemperatur: 1200 °C.

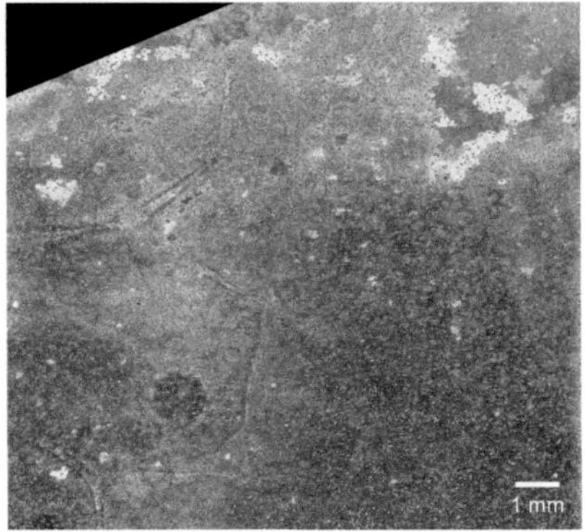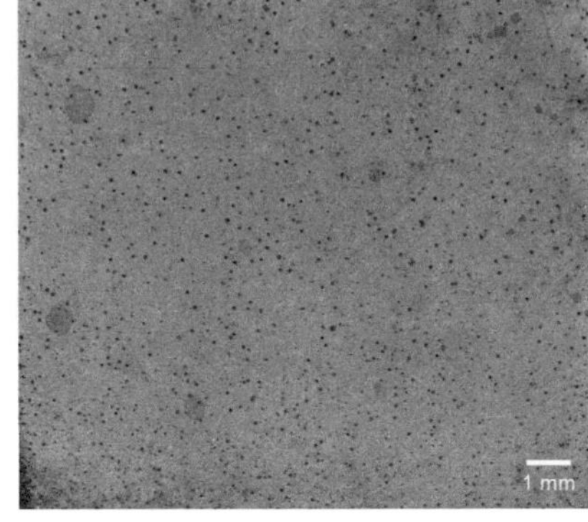

g) Auslagerungstemperatur: 1300 °C.   h) Auslagerungstemperatur: 1400 °C.

Abbildung 4.5: Lichtmikroskopische Abbildung des PM2000 Gefüges a) im Anlieferungszustand und b) - h) nach 4-stündigen Auslagerungen, bei unterschiedlichen Auslagerungstemperaturen. Die punktförmigen Merkmale auf den Bildern sind Ätzgrübchen, die auf eine Überätzung zurückzuführen sind, bei höheren Vergrößerungen ist eine Abgrenzung zu Korngrenzen deutlich.

Die TEM Proben werden, wie in Kapitel 3.2.3 näher beschrieben, präpariert und in einem Tecnai F20 TEM, mit einer Beschleunigungsspannung von 200 kV, untersucht. Die Auswertung der Partikelgrößenverteilung erfolgt an Hellfeldaufnahmen. TEM Hellfeldbilder zeigen homogen verteilte Oxidpartikel ohne größere Agglomerationen für den Anlieferungszustand und alle untersuchten Wärmebehandlungstemperaturen; Abbildung 4.7 zeigt die untersuchten TEM Proben. In den TEM Hellfeldaufnahmen erscheinen die meisten Partikel rund und nur wenige weisen eine eckige, zumeist sechseckige, Form auf. Die runden Partikel sind Yttriumaluminiumoxide und bei den eckigen Partikeln handelt es sich vermutlich um Aluminiumoxide [59]. Die Fläche der eckigen Partikel wird für die Auswertung des Partikeldurchmessers als Kreis approximiert.

Die TEM Untersuchungen weisen bis zu einer Wärmebehandlungstemperatur von 1300 °C keine Veränderung der Partikelgrößenverteilung auf, wobei die größte Häufigkeit bei einem Partikeldurchmesser von 20 nm liegt, wie in Abbildung 4.8 dargestellt ist. Bei einer Auslagerungstemperatur von 1400 °C wird ein Wachstum der Partikel beobachtet, sodass der mittlere Partikeldurchmesser mit 30 nm angegeben wird. Der große Anteil von Partikeln kleiner 15 nm,

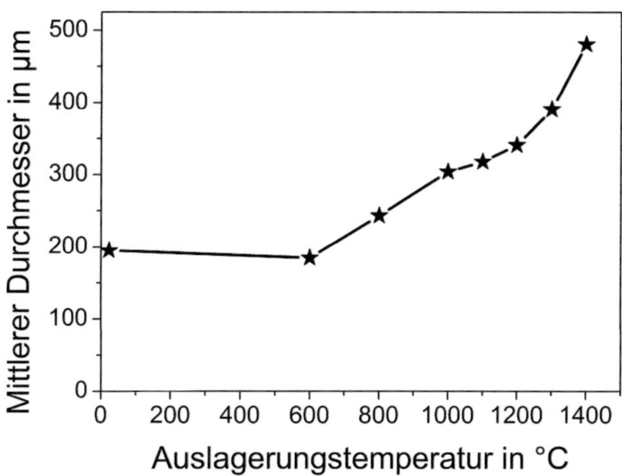

Abbildung 4.6: Kornwachstum nach Auslagerungen, in einem Temperaturbereich von 600 °C bis 1400 °C für jeweils 4 h. Das verwendete PM2000 weist ein bimodales Korngefüge auf. Die größeren Körner liegen im Bereich einiger Millimeter und sind in diesem Diagramm nicht erfasst. Die kleineren Körner zeigen ein Wachstum von etwa 200 µm auf 480 µm.

siehe Abbildung 4.8 f), ist auf die Verwendung eines TEMs mit einer höheren Kamera Auflösung, siehe Kapitel 3.2.3, und nicht auf die Wärmebehandlung zurückzuführen. Im Gegensatz dazu ist die mittlere Vergrößerung des Partikeldurchmessers um 10 nm auf ein wärmebehandlungsinduziertes Wachstum zurückzuführen.

Die Bestimmung der Partikeldichte erfolgt über den Partikelanteil pro untersuchtem Volumen. Die Partikeldichte aller untersuchten Proben liegt zwischen $1,7 \cdot 10^{-7}\,\mathrm{nm}^{-3}$ und $4,7 \cdot 10^{-7}\,\mathrm{nm}^{-3}$, zur Partikeldichtebestimmung werden drei vereinfachende Annahmen getroffen:

- Wie bei der Partikelgrößenverteilungsbestimmung werden alle Partikel als kugelförmig angenommen, auch wenn einige wenige eine eckige Form aufweisen. Die Aussagekraft der Partikeldichte wird dadurch nicht beeinträchtigt, da es weder die Anzahl der Partikel noch das Partikelvolumen beeinflusst.

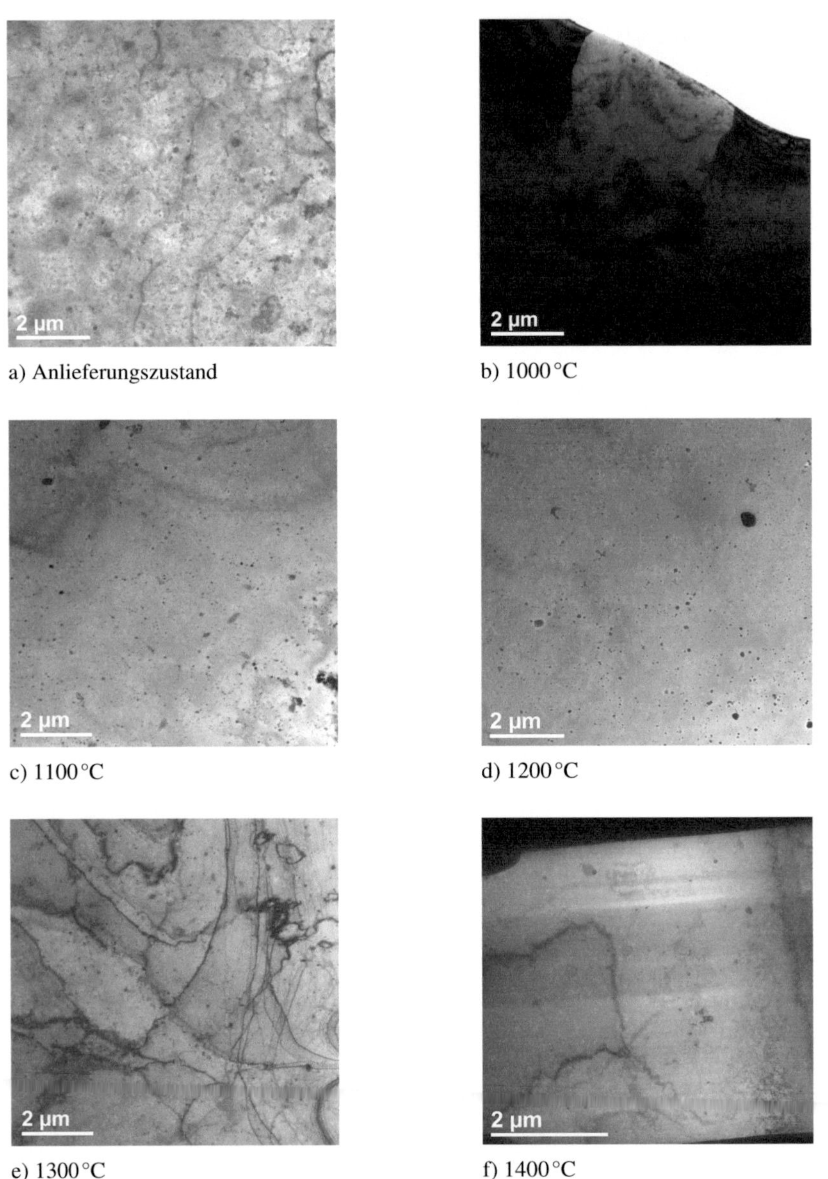

a) Anlieferungszustand

b) 1000 °C

c) 1100 °C

d) 1200 °C

e) 1300 °C

f) 1400 °C

Abbildung 4.7: TEM Hellfeldaufnahmen: a) Anlieferungszustand, b) - f) nach Auslagerungen im Temperaturbereich zwischen 1000 °C und 1400 °C für jeweils 4 h.

- Alle Partikel werden kugelförmig angenommen, dadurch kommt es zu einer leichten Überschätzung der Partikeldichte, da auch geschnittene Partikel als komplette Kugel angenommen werden.

- Die Foliendicke wird lokal gemessen und auf die gesamte untersuchte Fläche approximiert. Diese Annahme kann sowohl zu einer leichten Über- als auch Unterschätzung des untersuchten Volumens führen, da die Foliendicke lokal sowohl dicker als auch dünner als die vermessene Stelle sein kann.

Die Auswertung der Partikelgrößenverteilungen ergibt ein Partikelwachstum bei einer Auslagerungstemperatur größer 1300 °C, wohingegen die Partikeldichte keine signifikante Änderung im untersuchten Temperaturbereich aufzeigt. Es wird vermutet, dass die Partikel Matrixatome aufnehmen und es zu keinem Partikelwachstum durch Ostwaldreifung kommt. Eine Zunahme des Teilchendurchmessers nach Auslagerungen bei hohen Temperaturen wurde von Krautwasser *et al.* [134] beschrieben. Es wurden Auslagerungen bei 1200 °C, 1300 °C und 1350 °C für mehr als 100 h durchgeführt. Dort lässt sich zeigen, dass eine Vergröberung bereits bei 1200 °C einsetzt. Da bei diesen Untersuchungen die Auslagerungszeit mit 4 h deutlich kürzer ist, ist die Vergröberung der Partikel erst bei deutlich höheren Temperaturen zu erkennen als bei Krautwasser *et al.* Dementsprechend bestimmen die Partikelgrößenverteilungs- und Partikeldichteuntersuchungen eine maximale Diffusionsschweißtemperatur von 1300 °C.

4.3.2 Mechanische Eigenschaften

Die Untersuchung der mechanischen Eigenschaften von ausgelagertem PM2000 umfasst Härtemessungen nach Vickers und Zugversuche, in denen die Zugfestigkeit, Dehngrenze und Bruchdehnung ermittelt werden sowie Kerbschlagbiegeversuche, in denen die Zähigkeit des ausgelagerten Materials bestimmt wird. Diese Untersuchungen ergänzen die Mikrostrukturuntersuchungen zur Bestimmung der Temperaturstabilität des PM2000, um die maximale Diffusionsschweißtemperatur zu bestimmen. Die maximale Auslagerungstemperatur für die mechanische Charakterisierung wird auf 1300 °C herabgesenkt, da die Mikrostrukturuntersuchungen 1400 °C als maximale Schweißtemperatur bereits ausschließen.

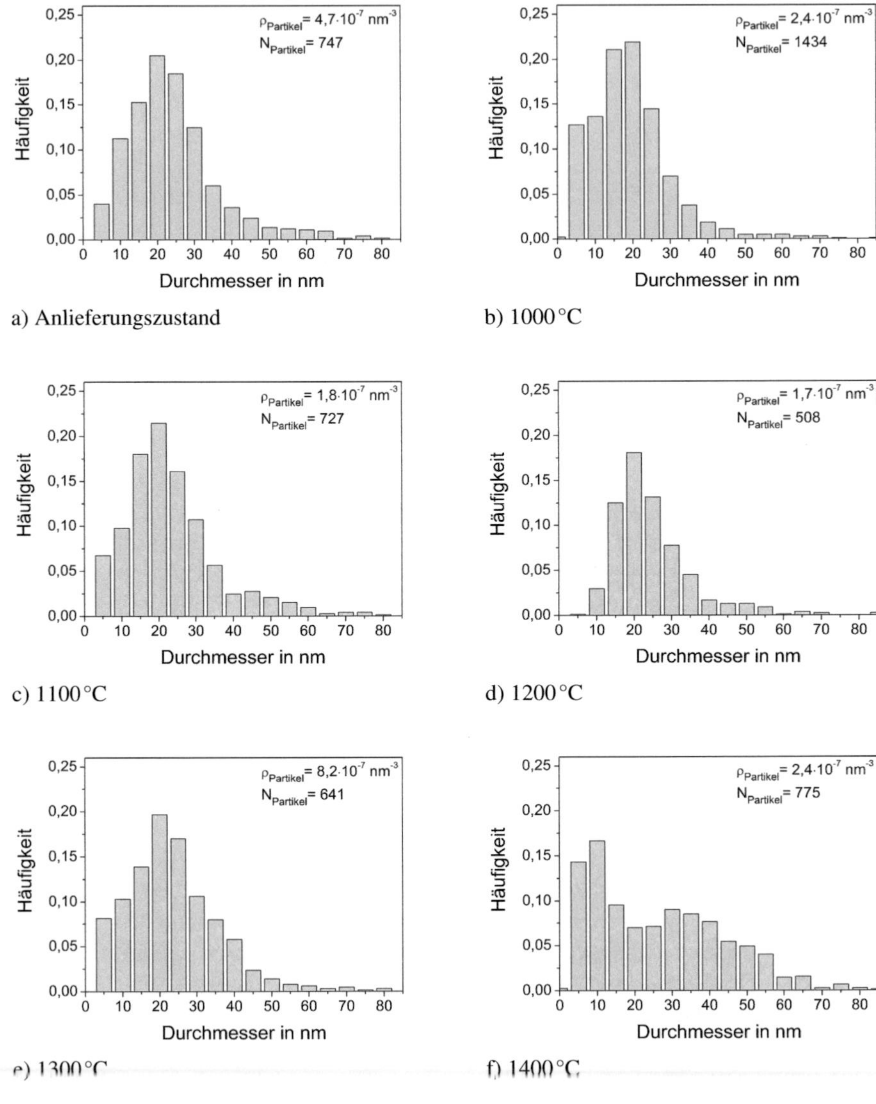

a) Anlieferungszustand

b) 1000 °C

c) 1100 °C

d) 1200 °C

e) 1300 °C

f) 1400 °C

Abbildung 4.8: Partikelhäufigkeitsverteilungen der Partikelgröße und Partikeldichten vom Anlieferungszustand a) und b) - f) nach Auslagerungen für jeweils 4 h in einem Temperaturbereich von 1000 °C bis 1400 °C.

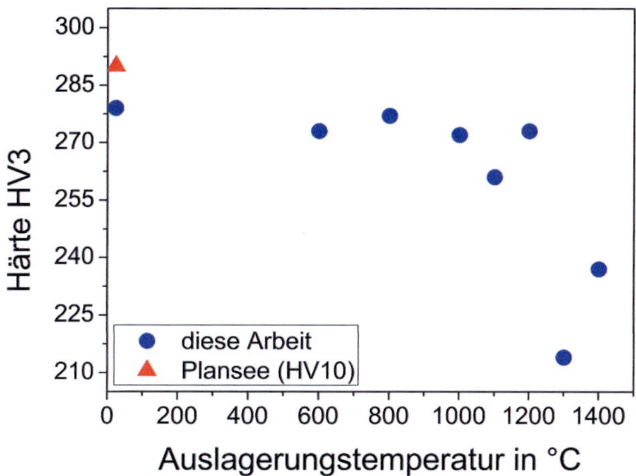

Abbildung 4.9: Einfluss der Auslagerungstemperatur auf die Vickershärte. Die ermittelte Härte im Anlieferungszustand ist vergleichbar mit den Herstellerangaben [61]. Oberhalb einer Auslagerungstemperatur von 1200 °C verringert sich die Härte um 22 %.

Vickershärte

Die Härtemessungen werden wie in Kapitel 3.3.1 beschrieben durchgeführt. Die Vickershärte weist bis zu einer Wärmebehandlungstemperatur von 1200 °C einen konstanten Verlauf bei etwa 275 HV3 auf. Dieser gemessene Wert entspricht etwa der Herstellerangabe der Firma Plansee mit 290 HV10 [61]. Für Auslagerungstemperaturen oberhalb 1200 °C nimmt die Härte deutlich ab und sinkt auf einen minimalen Wert von 214 HV3, wie in Abbildung 4.9 dargestellt ist. Eine Festigkeitsabnahme für Auslagerungstemperaturen oberhalb von 1200 °C wird auch für eine 15 Gew.-% Cr-Fe Basis Legierung beobachtet [112].

Zugfestigkeit

Zugproben werden unter denselben Auslagerungsbedingungen wie die Metallographieproben wärmebehandelt. Diese Zugversuche werden bei Raumtemperatur unter atmosphärischem Druck durchgeführt, die Ergebnisse sind in Abbildung 4.10 dargestellt. Die mechanische Charakterisierung zeigt einen nahezu

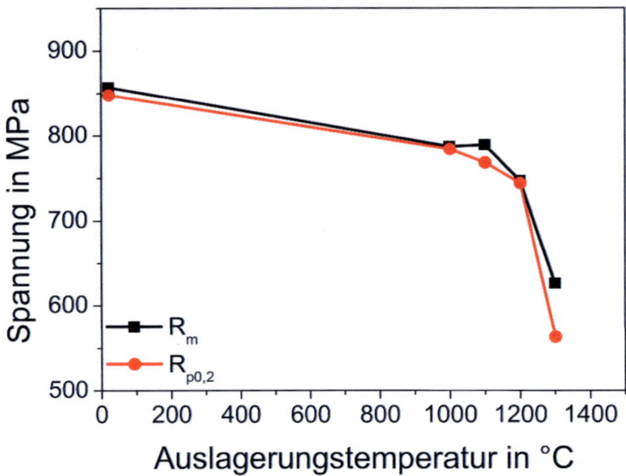

Abbildung 4.10: Zugversuche der ausgelagerten Proben. Eine deutliche Verminderung der Zugfestigkeit ist bei einer Auslagerungstemperatur von 1300 °C zu erkennen.

identischen Wert für die Zugfestigkeit und die Streckgrenze, da oberhalb eines Temperaturverhältnisses von $0,5 \frac{T}{T_m}$ keine Dehnungsverfestigung erfolgt.

Sowohl die Zugfestigkeit als auch die Dehngrenze nehmen mit steigender Auslagerungstemperatur ab. Der Festigkeitsverlust für eine Auslagerungstemperatur von 1300 °C beträgt 27 % verglichen mit dem Ausgangsmaterial, wohingegen der Festigkeitsverlust für Auslagerungstemperaturen von 1000 °C bis 1200 °C zwischen 8 % und 13 % liegt.

Zähigkeitseigenschaften

PM2000 weist bei Raumtemperatur ein sprödes Bruchverhalten im Kerbschlagbiegeversuch auf, wie in Abbildung 4.11 zu erkennen ist. Wird die Prüftemperatur erhöht, erfolgt ein spröd-duktiler Übergang bei der so genannten DBT Temperatur (DBTT, *engl. ductile to brittle transition temperature*) und ab einer Prüftemperatur von 150 °C ist die Hochlage bei einer Schlagenergie von etwa 8 J erreicht. Ausgelagerte Proben bei 1000 °C, 1100 °C und 1200 °C erreichen ab einer Prüftemperatur von 150 °C ebenfalls diese Hochlagenenergie. Im Gegensatz dazu weisen die bei 1300 °C ausgelagerten Proben bis zu einer Prüftemperatur von 550 °C eine deutlich niedrigere Hochlagenenergie mit ma-

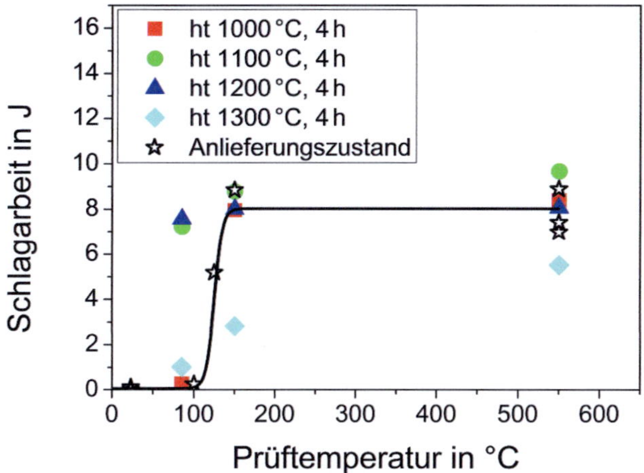

Abbildung 4.11: Kerbschlagzähigkeiten des Ausgangsmaterials sowie ausgelagerter Proben. Oberhalb einer Wärmebehandlungstemperatur von 1200 °C erfolgt ein Zähigkeitsverlust.

ximal 5,5 J auf. Es tritt eine Versprödung des Materials durch die zusätzliche Wärmebehandlung bei 1300 °C auf.

Sowohl die Härtemessungen als auch die Zugfestigkeit, Streckgrenze und Kerbschlagenergie zeigen eine Abnahme der Kennwerte für eine Auslagerungstemperatur oberhalb von 1200 °C. Dieses Verhalten könnte mit einer Phasenumwandlung erklärt werden. Da allerdings thermodynamisch eine Umwandlung in das kubischflächenzentrierte Gitter bei einem Chromgehalt von 20 % ausgeschlossen werden kann (vergleiche Kapitel 5.2), erscheint diese Erklärungsmöglichkeit als sehr unwahrscheinlich. Die Korngröße des Grundmaterials ist mit einigen Millimetern schon sehr groß, weshalb eine weitere Kornvergröberung keinen Einfluss auf die mechanischen Eigenschaften hat. Ein Partikelwachstum kann erst ab einer Auslagerungstemperatur von 1400 °C nachgewiesen werden, allerdings kann das Partikelwachstum bereits geringfügig oberhalb von 1200 °C einsetzen [134], sodass es bei den TEM Untersuchungen im Rahmen der Messungenauigkeit liegt, aber dennoch bereits einen maßgeblichen Einfluss auf die mechanischen Eigenschaften haben kann.

Die Härtemessungen wie auch die Ergebnisse aus den Zug- und Kerbschlagbiegeversuchen minimieren die Temperaturgrenze auf 1200 °C, bei der Diffusionsschweißungen noch ohne Festigkeits- und Zähigkeitsverlust durchgeführt
werden können.

4.4 Warmzugversuche

Die temperaturabhängige Streckgrenze ist ein wichtiger Eingangsparameter in
der Modellierung der spontanen plastischen Deformation, die der zeitunabhän-
gige Teilschritt des Diffusionsschweißens ist. Die Warmzugversuche werden in
einem Temperaturbereich von 800 °C bis 1400 °C durchgeführt. Die Probengeometrie sowie die Versuchsdurchführung entsprechen der in Kapitel 3.3.2 beschriebenen Vorgehensweise.

Wie Abbildung 4.12 entnommen werden kann, nehmen die Zugfestigkeit
und Streckgrenze mit steigender Prüftemperatur ab. Bei einer Prüftemperatur
von 800 °C liegt die Streckgrenze bei 108 MPa und sinkt auf 28 MPa bei einer Prüftemperatur von 1400 °C. Die Zugfestigkeit zwischen Raumtemperatur
und 800 °C weist von Raumtemperatur bis etwa 400 °C einen flachen Abfall
auf. Für Temperaturen zwischen 400 °C und 700 °C ist der Zugfestigkeitsverlust deutlich verstärkt, bis er bei Temperaturen oberhalb 700 °C wieder einen
flachen Abfall aufweist. Die Streckgrenze verhält sich vergleichbar zur Zugfestigkeit [15, 63, 135]. Herzog führte die Abnahme der Duktilität auf verschiedene Effekte zurück: Die Duktilität nimmt mit zunehmender Temperatur, zunehmender Spannungsempfindlichkeit der Dehnungsrate, zunehmendem inversen
Schmidtfaktor, sowie einer abnehmenden Dehnungsrate ab [5]. Die verminderte Duktilität in dieser Arbeit kann ebenfalls in REM Bildern beobachtet werden, wie auch in Abbildung 4.13 zu erkennen ist. Dies zeigt sich in einer mit
der Temperatur zunehmenden spröden Bruchfläche und in einer Abnahme der
Einschnürung.

Die Warmzugversuche werden ausschließlich bei einer Dehnungsrate durchgeführt, sodass keine qualitative Aussage über die Dehnungsratenabhängig-
keit möglich ist, allerdings ist die verwendete Dehnungsrate mit $1,4 \cdot 10^{-3} \, \text{s}^{-1}$
verhältnismässig niedrig, was zu einem weiteren Duktilitätsverlust führen
kann. Herzog untersuchte grobkörniges PM2000, welches ein vergleichbares
Gefüge zu dem in dieser Arbeit verwendeten aufweist. Seine Untersuchungen zeigen eine Spannungsempfindlichkeit der Dehnungsrate im Bereich von
$\partial log \dot{\varepsilon} / \partial log \sigma = 150 - 200$. Es wurden allerdings keine weiteren signifikanten

Dehnungsverfestigungen festgestellt, da eine Dehnungsverfestigung entweder auf die Bildung von Versetzungsringen oder auf die Bildung eines Subkorngefüges zurückzuführen ist. Beide Mechanismen scheinen bei dem grobkörnigen PM2000 nicht zu wirken, weil die Bildung von Versetzungsringen nur bei deutlich niedrigeren Temperaturen erfolgt. Die Ausbildung eines Subkorngefüges wird aufgrund der selektiven Gleitsystemanregung für unwahrscheinlich erachtet [5].

Die Bruchdehnung nimmt vorerst zu, um bei höheren Temperaturen (ab 800 °C) wieder abzusinken. Die maximale Bruchdehnung wird bei 800 °C beobachtet, wobei in der Literatur Temperaturen knapp unterhalb von 800 °C für die maximale Bruchdehnung bekannt sind [15, 135], dieser Temperaturbereich wird in dieser Arbeit nicht untersucht. Für die Nickelbasislegierung B-1900 ist ein vergleichbares Bruchdehnungsverhalten dokumentiert [136]. Die Bruchdehnung steigt mit zunehmender Temperatur bis zu einer kritischen Temperatur und sinkt, mit steigender Prüftemperatur, ebenfalls unterhalb der Bruchdehnung bei Raumtemperatur. Ein vergleichbares ungewöhnliches Verhalten wird von Whittenberger *et al.* für die ODS Eisenbasis-Legierung MA956 beobachtet [137]. Dieses Verhalten wird mit dem verminderten Diffusionskriechen, das durch den Verfestigungseffekt hervorgerufen wird, begründet [136].

4.5 Kriechversuche

Das Kriechverhalten von ODS Materialien unterscheidet sich vom Kriechverhalten von oxidpartikelfreien Werkstoffen [16], da bei oxidpartikelfreien Legierungen ein linearer Zusammenhang der Spannung und der Kriechrate erfolgt. Im Gegensatz dazu wird für ODS Werkstoffe ein sigmoidaler Kurvenverlauf und oberhalb einer Schwellspannung dementsprechend eine starke Spannungsabhängigkeit der Kriechrate erwartet, wie in Kapitel 2.1.2 beschrieben ist. Das Kriechen hat beim Diffusionsschweißen von konventionellen Materialien einen großen Anteil bei der Schließung der Hohlräume an der Grenzfläche. Es darf allerdings kein makroskopisches Kriechen der gesamten Probe auftreten, da sonst das Bauteil während der Diffusionsschweißung seine makroskopische Form verlieren würde. Für die Modellierung des Diffusionsschweißprozesses von PM2000 wird das wirkende Kriechgesetz exemplarisch bei einer Temperatur von 1100 °C bestimmt.

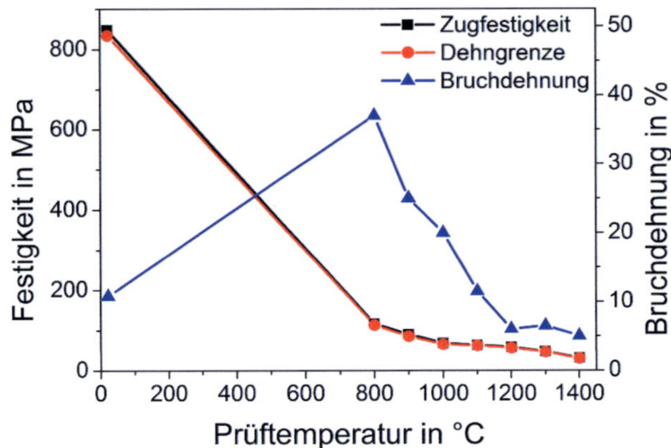

Abbildung 4.12: Die Warmzugversuche werden in einem für die Diffusionsschweißungen relevanten Temperaturbereich mit einer Dehnungsrate von $1,4 \times 10^{-7}\,\mathrm{s}^{-1}$ durchgeführt. Die Zugfestigkeit, Dehngrenze und Bruchdehnung nehmen mit steigender Prüftemperatur ab.

Für die Bestimmung des Kriechgesetzes werden sowohl Druckkriechversuche als auch Zugkriechversuche durchgeführt, wie sie in Kapitel 3.3.4 beschrieben sind. Die Kriechverformung in den Druckkriechversuchen setzt erst ab einer Spannung von etwa 65 MPa ein, wie Abbildung 4.14 zu entnehmen ist. Die Druckkriechversuche werden bis zu 115 % der Dehngrenze bei 1100 °C durchgeführt, um das spannungsabhängige Verhalten sichtbar zu machen.

Vergleichbar zu den Druckkriechversuchen wird auch in den Zugkriechversuchen eine Spannungsabhängigkeit der Kriechrate beobachtet, wie in Abbildung 4.15 zu sehen ist. Die Schwellspannung liegt hier allerdings etwas niedriger als in den Druckkriechversuchen, was zum einen an Reibungseffekten im Druckbereich und zum anderen an einer Festigkeitsabnahme durch Rissbildungs- und Risswachstumsmechanismen unter Zugbelastung liegen kann [57].

Der Relaxationsfaktor κ wird sowohl für die Druck- als auch Zugkriechversuche bestimmt und ist in Abbildung 4.16 dargestellt. Dafür werden die erforderlichen Werte aus der Partikelverteilung und die experimentell bestimmte Kriechrate in Gleichung 2.5, unter Verwendung der Gleichungen 2.3 und 2.4 eingesetzt. Für die Druckkriechversuche ergibt sich ein Relaxationsfaktor von $\kappa_{\mathrm{Druck}} = 0,78$ und für die Zugkriechversuche von $\kappa_{\mathrm{Zug}} = 0,793$.

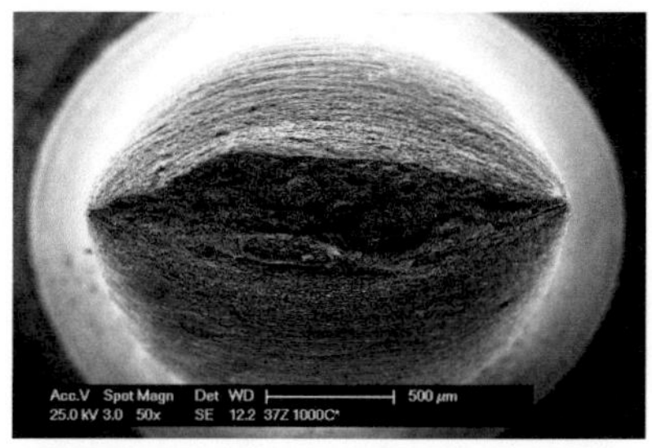

a) 1000 °C.

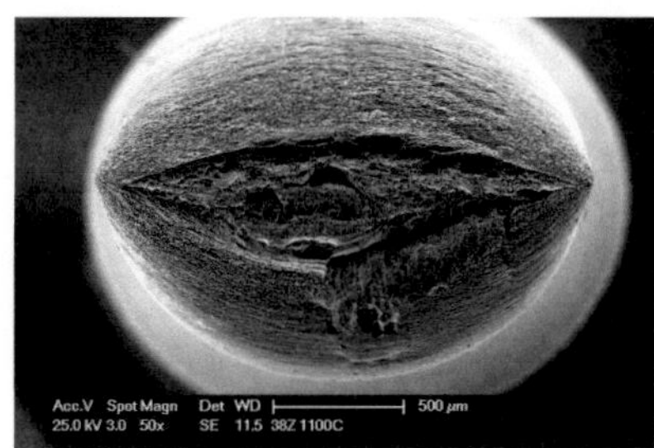

b) 1100 °C.

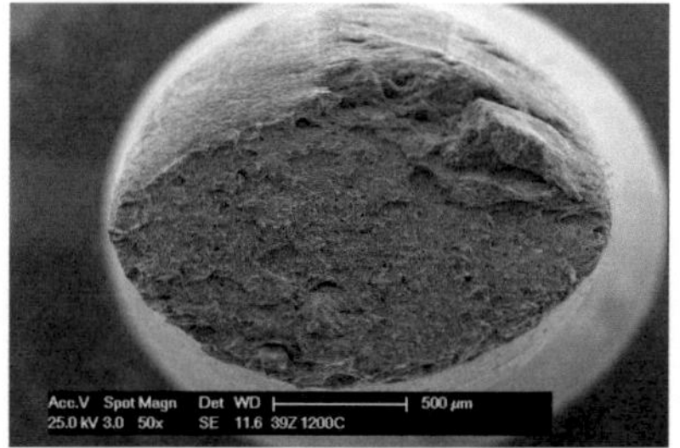

c) 1200 °C.

d) 1400 °C.

Abbildung 4.13: REM Bilder der Bruchflächen der Warmzugversuche. a) - d) zeigen die Bruchflächen in einem Temperaturbereich zwischen 1000 °C und 1400 °C; die beginnende Versprödung ab 1100 °C bis zum vollständig spröden Bruch bei 1400 °C ist zu erkennen.

4.6 Zusammenfassung

Es wurden unter Diffusionsschweißbedingungen ausgelagerte Proben mikrostrukturell und mechanisch charakterisiert. Weiterführend wurden Warmzug- und Kriechversuche durchgeführt, um die materialspezifischen Eingangsgrößen für die Simulation zu erhalten.

Der Querschnitt des Rundstabs wurde im Anlieferungszustand auf ein homogenes Materialgefüge untersucht. Ein kreisförmiger Bereich, der konzentrisch im Rundstab liegt und einen Durchmesser von 48 mm hat, wies ein homogenes Materialverhalten auf.

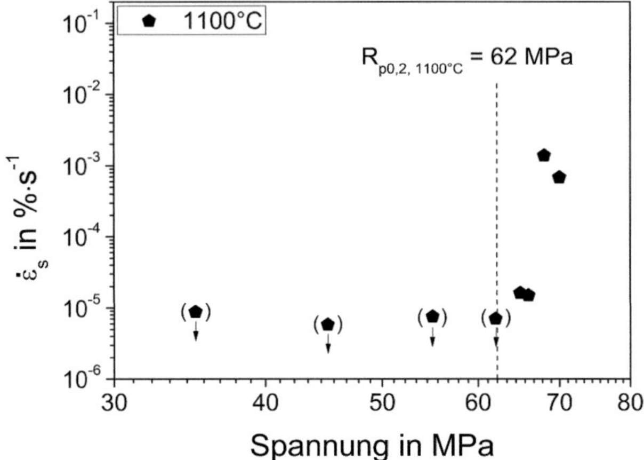

Abbildung 4.14: Druckkriechversuche bei 1100 °C. Die Spannungsabhängikeit der Kriechrate beginnt knapp oberhalb der Dehngrenze bei 1100 °C. Die stationäre Kriechrate der eingeklammerten Versuchspunkte liegt unterhalb der eingezeichneten.

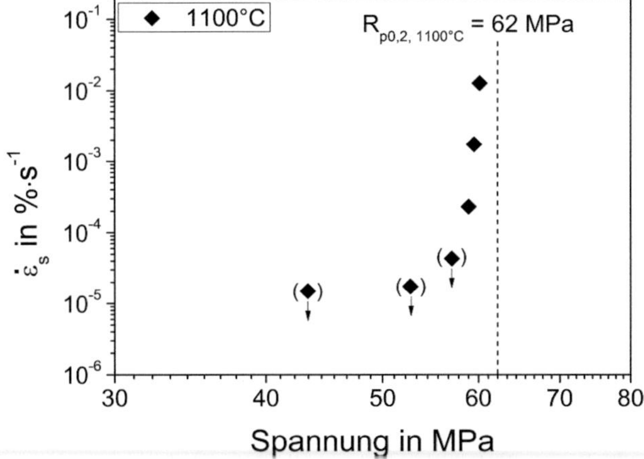

Abbildung 4.15: Zugkriechversuche bei 1100 °C. Die stationäre Kriechrate der eingklammerten Versuchspunkt liegt unterhalb der eingezeichnet.

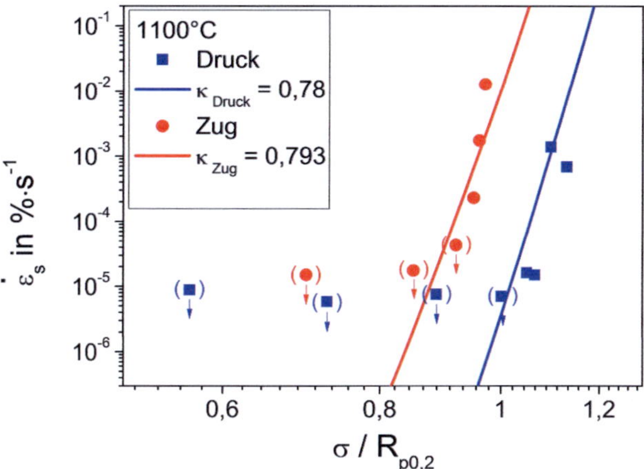

Abbildung 4.16: Bestimmung des Relaxationsfaktors der Druck- und Zugkriechversuche bei 1100 °C. Die stationäre Kreichraten der eingklammerten Versuchspunkte liegt unterhalb der markierten.

In Auslagerungsversuchen wurde das mikrostrukturelle und mechanische Verhalten nach Auslagerungen bis 1400 °C untersucht. Die TEM Untersuchungen zeigten eine Vergrößerung der Partikel oberhalb einer Auslagerungstemperatur von 1300 °C bei gleichbleibender Partikeldichte. Diese Untersuchungen der Partikelgrößenverteilung ergaben eine maximale Diffusionsschweißtemperatur von 1300 °C ohne mikrostrukturelle Änderungen. Allerdings wiesen sowohl die Härtemessungen als auch die Zugfestigkeiten und Zähigkeiten des ausgelagerten Materials eine Veränderung der mechanischen Kennwerte oberhalb einer Temperatur von 1200 °C auf. Aufgrunddessen wurde die Diffusionsschweißtemperatur ≤ 1200 °C als obere Temperaturgrenze festgelegt [131].

Die temperaturabhängige Dehngrenze wurde in Warmzugversuchen ermittelt. Diese Werte floßen in die Berechnung der spontanen plastischen Deformation ein und sind somit Eingangsparameter für das Diffusionsschweißmodell. Mit zunehmender Temperatur nahm die Zugfestigkeit und die Dehngrenze ab. Zusätzlich wurde in den Warmzugversuchen eine abnehmende Bruchdehnung, bei gleichzeitig zunehmender Prüftemperatur beobachtet. Dieses Verhalten lässt sich mit einer Verminderung des Diffusionskriechens, ausgelöst durch die hohe Temperaturfestigkeit, beschreiben.

Die Druck- und Zugkriechversuche bei $1100\,^\circ\mathrm{C}$ zeigten untereinander ein vergleichbares, spannungsabhängiges Verhalten der Kriechrate. Die Zugkriechversuche zeigten, im Vergleich zu den Druckkriechversuchen, bei etwas niedrigeren Spannungen bereits hohe Kriechraten, was auf eine Festigkeitsabnahme unter Zugbelastung sowie Reibungseffekte unter Druckbelastung zurückgeführt wird. Die Relaxationsfaktoren der Druck- und Zugversuche sind mit $\kappa_{\mathrm{Druck}} = 0,78$ und $\kappa_{\mathrm{Zug}} = 0,793$ ebenfalls vergleichbar.

5 Modellierung

In diesem Kapitel werden die Grundlagen des Diffusionsschweißmodells von Hill und Wallach vorgestellt. Es folgt die Beschreibung der in dieser Arbeit entwickelten Modellerweiterungen, die das besondere Verhalten von ODS Materialien berücksichtigen. Dafür werden alle Berechnungsschritte auf die Anwendbarkeit für ODS Materialien überprüft und alternative Lösungswege und Berechnungsmethoden implementiert. Anschließend wird mittels einer Parameterstudie das entwickelte Diffusionsschweißmodell für ODS Materialien anhand des ODS Stahls PM2000 evaluiert.

5.1 Diffusionsschweißmodell von Hill und Wallach

Ein Überblick über die bestehenden Diffusionsschweißmodelle ist in Kapitel 2.4 gegeben. Dort wird erläutert, dass das Diffusionsschweißmodell nach Hill und Wallach [13] die Diffusionsschweißmechanismen sehr umfassend beschreibt, weshalb es als Basis für das in dieser Arbeit entwickelte Simulationsmodell dient. Dazu wird das Modell von Hill und Wallach weiterentwickelt und auf das besondere Materialverhalten von ODS Materialien, dass durch die verfestigenden Partikel in der Matrix hervorgerufen wird, angepasst.

Untersuchungen von Hill und Wallach [13] haben gezeigt, dass die Riefen einer geschliffenen Probe mit Kanälen mit halbelliptischem Querschnitt angenähert werden können. Der durch die Oberflächenrauheit resultierende Hohlraum von zwei aufeinander liegenden Bauteilen wird durch einen Hohlraum mit elliptischem Querschnitt und einer unendlichen Ausdehnung approximiert. Dadurch reduziert sich die eigentlich dreidimensionale Modellierung des Diffusionsschweißens auf eine zweidimensionale. Derartige kanalförmigen Hohlräume werden parallel zueinander in einem periodischen Abstand angenommen.

Diese vereinfachte Geometrie ermöglicht die Berechnung des Diffusions-

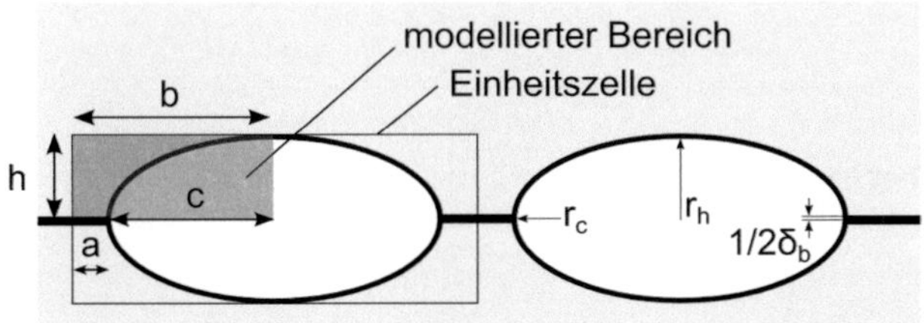

Abbildung 5.1: Die modellierte Fläche beträgt, aufgrund der zwei Symmetrieachsen, ein Viertel des elliptischen Hohlraums. Die Hälfte der Rauheitswellenlänge wird mit b beschrieben, die kurze Halbachse der Ellipse mit h und der bereits verbundene Bereich mit a. Rechts ist der Krümmungsradius der langen Halbachse r_c und der kurzen Halbachse r_h der Ellipse, wie auch die Korngrenzschichtlage δ_b eingezeichnet; adaptiert nach [13].

schweißprozesses mit nur einer Hohlraumgeometrie und dadurch nur einer Stufe. Die einheitliche Geometrie ermöglicht die Vereinfachung sämtlicher Gleichungen und somit die Berechnung komplexerer Systeme.

Aufgrund der Achsensymmetrie wird nur ein Viertel des elliptischen Querschnitts modelliert - dieser Teil repräsentiert die Einheitszelle und ist in Abbildung 5.1 schematisch dargestellt. Die kurze Halbachse der Ellipse h beschreibt die Oberflächenrauheit und die lange Halbachse c repräsentiert die Wellenlänge der Rauheit [82]. Die bereits gefügte Fläche wird mit a bezeichnet und die halbe Einheitszellenbreite mit b, es gilt:

$$b = a + c. \tag{5.1}$$

Der Fügeprozess wird bei der Berechnung in einen zeitunabhängigen und einen zeitabhängigen Schritt unterteilt. Im zeitunabhängigen Schritt erfolgt die spontane plastische Deformation und im zeitabhängigen Schritt erfolgen die Kriechprozesse und der diffusionsgesteuerte Materialtransport; Abbildung 5.2 stellt die Materialtransportpfade der unterschiedlichen Wirkungsmechanismen dar. Die diffusionsgesteuerten Mechanismen wirken gleichzeitig, weshalb die berechneten Raten der unterschiedlichen Mechanismen voneinander abhängig sind. Es werden die von Derby und Wallach bereits eingeführten Wirkungsmechanismen zum Schließen des Hohlraums angenommen [68, 101]:

1. Plastische Deformation

2. Kriechen

3. Oberflächendiffusion von der Hohlraumoberfläche zu den Hauptscheitelpunkten der Ellipse

4. Volumendiffusion von der Hohlraumoberfläche zu den Hauptscheitelpunkten der Ellipse

5. Verdampfung an der Hohlraumoberfläche und Kondensation am Hauptscheitelpunkt der Ellipse

6. Korngrenzendiffusion seitlich zum Hauptscheitelpunkt der Ellipse

7. Volumendiffusion des Matrixmaterials seitlich entlang der Grenzfläche zum Hauptscheitelpunkt der Ellipse

Eine lokale Spannungsüberhöhung führt während der plastischen Deformation (1) lokal zum Fließen des Materials, da an den Rauheitsspitzen die Fließgrenze überschritten wird. Dieser Mechanismus der spontanen plastischen Deformation ist in Abbildung 5.2 a) dargestellt. Sobald die Rauheitsspitzen abgeflacht sind, endet dieser Mechanismus.

Der Einfluss der Formänderung durch Kriechen (2) erfolgt im zweiten, zeitabhängigen Schritt. Die Triebkraft ist hierbei der von außen angelegte Druck. Die Formänderung findet primär aufgrund des Versetzungskriechens statt [13, 68, 82]. Das Kriechen führt zu einer homogenen Schrumpfung des elliptischen Hohlraums.

Die oberflächengesteuerten Transportmechanismen $(3-5)$ sind in Abbildung 5.2 b) dargestellt, sie führen zu einer Umverteilung des Materials, die eine Formänderung von einer Ellipse zu einem Kreis bewirkt. Die Triebkraft eines derartigen Prozesses ist die Änderung der Oberflächenkrümmung des Grenzflächenhohlraums. Der Materialtransport erfolgt von Bereichen mit geringer Krümmung zu Bereichen mit starker Krümmung. Diese Mechanismen werden immer langsamer, je näher sich die Form einem Kreis annähert, wobei das Hohlraumvolumen während der gesamten Materialumverteilung konstant bleibt.

Die Mechanismen, die entlang der Grenzfläche stattfinden $(6, 7)$ sind in Abbildung 5.2 c) dargestellt und führen zu einer gleichförmigen Verkleinerung

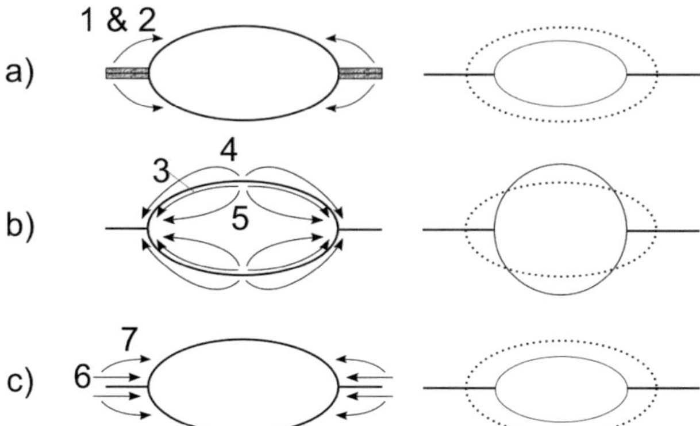

Abbildung 5.2: Schematische Darstellung der unterschiedlichen Diffusions- und Deformationsmechanismen nach Hill und Wallach [13]. Links sind die Transportwege und rechts die zeitabhängigen Formänderungen des elliptischen Hohlraums dargestellt. a) Spontane plastische Deformation (1) und Kriechen (2). b) Diffusionsmechanismen der Oberflächendiffusion (3), Volumendiffusion (4) sowie des Verdampfens und Kondensierens (5) von Material mit der Quelle an der Hohlraumoberfläche mit geringer Krümmung. c) Korngrenzen- bzw. Grenzflächendiffusion (6) und Volumendiffusion (7) mit einem Ursprung an der Grenzfläche.

der Ellipse. Die Triebkraft für diese Mechanismen ist eine Änderung des chemischen Potentials entlang der Fügelinie.

Die folgenden Gleichungen dieses Unterkapitels beschreiben die Modellvorstellung des Diffusionsschweißens von Hill und Wallach [13, 82]. Im Folgenden werden die einzelnen Prozesse näher beleuchtet und auf die Anwendbarkeit für ODS Materialien untersucht.

5.1.1 Spontane plastische Deformation

Die spontane plastische Deformation an der Grenzfläche wird durch die Spannungsverteilung zwischen zwei Hohlräumen beschrieben. Dies erfolgt analytisch über die Gleitlinientheorie [13], mit der sich plastomechanische Problemstellungen abbilden lassen. Die Richtung der Gleitlinien entspricht an jedem Punkt der maximalen Schubspannung. Die Gleitlinientheorie ist an zwei Bedingungen geknüpft: zum einen muss ein ebener Dehnungszustand herrschen und zum anderen ein starr-idealplastisches Werkstoffverhalten vorliegen [138].

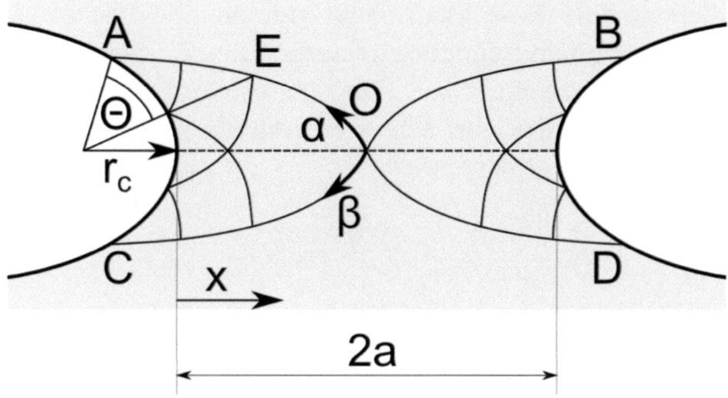

Abbildung 5.3: Gleitlinien zwischen zwei Hohlräumen; adaptiert nach [139].

Beides trifft auf die Untersuchung der spontanen plastischen Deformation von ODS Stahl zu.

Die Verformungsanalyse an einem einachsig belasteten, symmetrisch gekerbten Zugstab zeigt eine Lokalisierung des plastischen Bereichs in der Mitte [139]. Die geometrischen Bedingungen dieser Untersuchungen gleichen denen beim Diffusionsschweißen, darum wird diese Theorie auf die Modellierung der spontanen plastischen Deformation an den Kontaktflächen angewendet. Zusätzlich wird angenommen, dass keine Werkstoffverfestigung beim Diffusionsschweißen erfolgt, es keine Diskontinuitäten im Gleitlinienfeld gibt und dass die Kerbradien den Radien an der langen Halbachse des Hohlraums entsprechen. Abbildung 5.3 verdeutlicht die Gleitlinientheorie grafisch.

Der Winkel Θ, der die Gleitlinie AO definiert, kann durch

$$\Theta = ln\frac{X + r_c}{r_c} \tag{5.2}$$

beschrieben werden. Wobei der Krümmungsradius der langen Halbachse r_c und der Krümmungsradius der kurzen Halbachse r_h sich wie folgt berechnen:

$$r_c = \frac{h^2}{c}, \tag{5.3}$$

$$r_h = \frac{c^2}{h}. \tag{5.4}$$

Am Punkt A liegt eine freie Oberfläche vor, an der die radiale Spannung null ist und die tangentiale Spannung σ_t wegen der Fließbedingung $2K$ dieser entsprechen soll. K bezeichnet die Fließschubspannung in reiner Scherung. Unter Berücksichtigung des von Mises Kriteriums wird diese aus der $0,2\%$ Dehngrenze $R_{p0,2}$ wie folgt berechnet:

$$K = \frac{R_{p0,2}}{\sqrt{3}}. \tag{5.5}$$

Die hydrostatische Spannung wird mit der Hencky Gleichung [82] bestimmt, hier demonstriert für den Punkt E:

$$p_E = p_A - 2 \cdot K \cdot \Theta. \tag{5.6}$$

p_E und p_A beschreiben jeweils die hydrostatischen Drücke an den Punkten E bzw. A. Die Gleichung für die Berechnung der tangentialen Spannung lautet:

$$\sigma_t = 2 \cdot K \cdot \left(1 + ln\left(\frac{X}{r_c} + 1\right)\right). \tag{5.7}$$

Das Einsetzen von Gleichung 5.5 in Gleichung 5.7 und eine folgende Integration von $x = 0$ bis $x = a$, zeigt eine Abhängigkeit der mittleren tangentialen Spannung $\sigma_t^|$ von der bereits gefügten Fläche a:

$$\sigma_t^| = \frac{2 \cdot R_{p0,2}}{\sqrt{3}} \cdot \left(1 + \frac{r_c}{a}\right) \cdot ln\left(1 + \frac{a}{r_c}\right). \tag{5.8}$$

Die Triebkraft der plastischen Deformation ist der angelegte äußere Druck, der auf die Einheitszelle wirkt. Die tangentiale Spannung an der Grenzfläche in der Einheitszelle wird wie folgt definiert:

$$\sigma_t^| = \frac{P \cdot b}{a} - \frac{\gamma_S}{a}. \tag{5.9}$$

P bezeichnet die äußere Druckspannung und γ_S die Oberflächenenergie. Durch Gleichsetzen der Gleichungen 5.8 und 5.9 entsteht eine Abhängigkeit der bereits gefügten Fläche der Einheitszelle a von sich selbst. In einem Iterationsverfahren kann die Kontaktfläche bestimmt werden, wobei a_i die Länge der Kontaktfläche zum Zeitpunkt i ist:

$$a_i = \frac{\sqrt{3} \cdot (P \cdot b - \gamma_S)}{2 \cdot R_{p0,2}(1 + \frac{r_c}{a_{i-1}}) \cdot ln(1 + \frac{a_{i-1}}{r_c})}. \tag{5.10}$$

Der Startwert der Kontaktfläche a wird möglichst klein gewählt, beispielsweise ein Tausendstel der Breite der Einheitszelle, da beim drucklosen Aufeinanderlegen von zwei rauen Oberflächen nur ein sehr kleiner Bereich der Oberflächen in Kontakt steht. Wird der Druck über einen definierten Zeitraum aufgebracht, so entspricht das a_i jenem mit instantan aufgebrachtem Druck.

Die Länge der kleinen Halbachse der Ellipse bzw. der Höhe der Einheitszelle h_i kann ebenfalls in einem Iterationsverfahren errechnet werden. Dafür wird angenommen, dass der Material-Volumenerhaltungssatz gilt und die Länge der Hohlraumbreite gemäß Gleichung 5.1 beschrieben werden kann:

$$h_i = h_{i-1} \frac{b - \frac{\pi}{4}(b - a_{i-1})}{b - \frac{\pi}{4}(b - a_i)}. \tag{5.11}$$

5.1.2 Materialtransportpfade entlang der Hohlraumoberfläche

Die oberflächengesteuerten Mechanismen verändern die Geometrie der Kontaktfläche und des Hohlraums, sodass der Hohlraum kreisförmiger wird. Die Berechnungen erfolgen unter der Annahme, dass das Volumen V des Hohlraums konstant bleibt. Der Volumentransport entlang der Hohlraumoberfläche wird durch die unterschiedlichen Kurvenradien r_c und r_h getrieben. Die Volumentransportrate entspricht der Hälfte einer dünnen Schicht:

$$\delta V = \frac{\pi}{4}\left[(c + \delta c)(h + \delta h) - hc\right] \cdot \frac{1}{2}. \tag{5.12}$$

Unter Annahme der Volumenkonstanz des Hohlraums wird Gleichung 5.12 wie folgt umgeformt:

$$\delta V_{Hohlraum,gesamt} \equiv 0 = \frac{\pi}{4}\left[h(c + \delta c) - c(h + \delta h)\right], \tag{5.13}$$

$$h \cdot \delta c = c \cdot \delta h. \tag{5.14}$$

Bei diesem Umformungsschritt wird mit der gesamten dünnen Schicht gerechnet. Der Term $\delta c \delta h$ strebt gegen null und wird deshalb in der folgenden Umformung vernachlässigt. Aus der Umformung von Gleichung 5.12 und dem Einsetzen in Gleichung 5.14 resultiert:

$$\delta V = \frac{\pi}{4} \cdot c \cdot \delta h; \qquad \delta V = \frac{\pi}{4} \cdot h \cdot \delta c. \tag{5.15}$$

Aus Gleichung 5.15 kann die zeitliche Änderung der kurzen Halbachse der Ellipse bestimmt werden, mit dem Volumenstrom $\dot{V}$

$$\frac{dh}{dt} = \frac{4}{\pi \cdot c} \cdot \dot{V}. \tag{5.16}$$

Die zeitliche Änderung der Kontaktfläche der Einheitszelle wird durch die Volumenkonstanz des Hohlraums bestimmt, die Verwendung von Gleichung 5.1 ergibt folgende Gleichung:

$$\frac{da}{dt} = \frac{c}{h} \cdot \frac{dh}{dt}. \tag{5.17}$$

Die Berechnung des Volumenstroms der Atome der freien Oberfläche, der durch Oberflächendiffusion fließt, basiert auf der Differenz der Leerstellenkonzentration zwischen den unterschiedlichen Krümmungsradien der Ellipse und erfolgt unter Verwendung der Kelvin-Thompson Gleichung [140] und der Diffusionsstromdichte des 1. Fick'schen Gesetzes. Die Kelvin-Thompson Gleichung ist ursprünglich für die Berechnung von Dampfdruckunterschieden entwickelt worden, gilt aber aufgrund dessen, dass nur das Volumen und keine flüssigkeitsspezifischen Kennwerte in die Gleichung eingehen, auch für Festkörper und Leerstellen [82, 84]. Daraus resultiert für den Volumenstrom der Atome an der freien Hohlraumoberfläche im Bereich des kleineren Krümmungsradius:

$$\dot{V} = \frac{2 \cdot A_\star \cdot D \cdot \Omega}{r_c \cdot k_B \cdot T} \cdot \frac{\gamma_S}{r_i}, \tag{5.18}$$

die Stromfläche wird mit $A_\star$ bezeichnet, das Atomvolumen mit Ω und r_i ist ein Reduktionsfaktor des Krümmungsradius, mit dem die Krümmungsdifferenz beschrieben wird. Je größer das Aspektverhältnis der Höhe zur Breite der Ellipse ist, desto kleiner wird der Reduktionsfaktor

$$\frac{1}{r_i} = \left(\frac{1}{r_c} - \frac{1}{r_h} \right). \tag{5.19}$$

Oberflächendiffusion entlang der Hohlraumoberfläche

Die Berechnung des Volumenstroms durch Oberflächendiffusion entlang der Hohlraumoberfläche erfolgt auf der Basis von Gleichung 5.18, unter Berücksichtigung von Gleichung 5.19. Der Volumenabtrag erfolgt schichtweise, aus der Fläche des umgelagerten Material-Volumens wird die Oberflächenschichtlage δ_S abgetragen und es wird der Oberflächendiffusionskoeffizient D_S verwendet

$$\dot{V}_3 = \frac{2 \cdot \delta_S \cdot D_S \cdot \Omega \cdot \gamma_S}{r_c \cdot k_B \cdot T} \left(\frac{c}{h^2} - \frac{h}{c^2} \right). \tag{5.20}$$

Volumendiffusion entlang der Hohlraumoberfläche

Der Volumenstrom durch Volumendiffusion entlang der Hohlraumoberfläche erfolgt durch Leerstellentransport. Die Stromfläche kann dem Kurvenradius der langen Halbachse gleichgesetzt werden, so wird aus Gleichung 5.18:

$$\dot{V}_4 = \frac{2 \cdot D_V \cdot \Omega \cdot \gamma_S}{k_B \cdot T} \left(\frac{c}{h^2} - \frac{h}{c^2} \right). \tag{5.21}$$

Verdampfung und Kondensation entlang der Hohlraumoberfläche

Die Berechnung der Volumenänderung aufgrund von Verdampfung und Kondensation entlang der Hohlraumoberfläche beruht auf der Annahme, dass der volumenändernde Prozess die Kondensation ist. Diese Annahme basiert auf der Langmuirgleichung [141] und ergibt für die Volumenänderung folgende Gleichung:

$$\dot{V} = \Delta p_V \cdot A_\star \left(\frac{\Omega}{2 \cdot \pi \cdot \rho \cdot k_B \cdot T} \right)^{\frac{1}{2}}, \tag{5.22}$$

die Massendichte wird mit ρ beschrieben. Die Differenz des Dampfdrucks zwischen dem Bereich mit einer großen Oberflächenkrümmung und dem mit einer kleinen Oberflächenkrümmung wird mit der Kelvin Gleichung [140] beschrieben:

$$\Delta p_V = p_{V,0} \cdot \frac{2 \cdot \gamma \cdot \Omega}{k_B \cdot T \cdot r_i}, \tag{5.23}$$

der Gleichgewichtsdampfdruck wird mit $p_{V,0}$ bezeichnet. Zur Berechnung der Gestaltänderung des Hohlraums durch Verdampfungs- und Kondensationsprozesse werden die Gleichung 5.19 und Gleichung 5.23 in Gleichung 5.22 eingesetzt und es wird angenommen, dass die verdampften Atome annähernd halbkreisförmig an der Fläche des kleineren Krümmungsradius rekondensieren:

$$\dot{V}_5 = \frac{2 \cdot \pi \cdot r_c \cdot \Omega \cdot \gamma_S}{k_B \cdot T} \cdot p_{V,0} \left(\frac{\Omega}{2 \cdot \pi \cdot \rho \cdot k_B \cdot T} \right)^{\frac{1}{2}} \cdot \left(\frac{c}{h^2} - \frac{h}{c^2} \right). \tag{5.24}$$

5.1.3 Korngrenzendiffusion

Die Korngrenzendiffusion beschreibt den Materialtransport zwischen oder entlang zweier Körnern, wobei auch die Grenzfläche zwischen zwei Fügeteilen wie eine Korngrenze behandelt wird. Die Korngrenzendiffusion bedingt sowohl eine Materialverschiebung im Hohlraum, als auch eine Annhiliation von Leerstellen an der Hohlraumoberfläche, wobei per Definition das Volumen des Materials konstant bleibt. Durch die Leerstellenreduktion nimmt die Höhe der Ellipse ab und es kommt zu einer Abnahme des Hohlraumvolumens, somit verändern sich Form und Volumen der Einheitszelle. Die Atome einer dünnen Schicht δh diffundieren entlang der Korngrenze zur Hohlraumoberfläche, woraus das transportierte Materialvolumen sich ergibt zu:

$$\delta V = -a \cdot \delta h. \tag{5.25}$$

Diese Gleichung wird nach der Zeit differenziert und ergibt so die zeitliche Änderung der Höhe der Ellipse

$$\frac{dh}{dt} = -\frac{1}{a} \cdot \dot{V}. \tag{5.26}$$

Zur Berechnung des gesamten Materialvolumens $V_{M,ges}$ einer Einheitszelle wird das Volumen der Viertelellipse von dem Volumen der Einheitszelle subtrahiert:

$$V_{M,ges.} = b \cdot h - \frac{\pi}{4} c \cdot h. \tag{5.27}$$

Unter Berücksichtigung der Volumenkonstanz des Materials und Gleichung 5.1 wird Gleichung 5.27 nach der Zeit differenziert und daraus die zeitliche Änderung der Kontaktfläche berechnet:

$$\frac{da}{dt} = -\frac{1}{h}\left[b\left(\frac{4}{\pi}-1\right)+a\right]\frac{dh}{dt}. \tag{5.28}$$

Die Berechnung des Volumenstroms basiert auf einer Differenz des chemischen Potentials entlang der Grenzfläche, das vom Kurvenradius an der Hohlraumoberfläche und der angelegten äußeren Druckspannung abhängig ist. Die Überlegungen des Volumenstroms beim Sintern [13, 68, 142] werden übernommen und an die zweidimensionale Geometrie angepasst. Es resultiert eine allgemeine Gleichung des Volumenstroms an Korngrenzen, wobei γ allgemein die Grenzflächenenergie und D den Diffusionskoeffizienten beschreibt:

$$\dot{V} = \frac{3 \cdot D \cdot A_{\star} \cdot \Omega}{a \cdot k_B \cdot T}\left(\frac{P \cdot b}{a} - \frac{\gamma}{a} - \frac{\gamma}{r_c}\right). \tag{5.29}$$

Korngrenzendiffusion seitlich zum Hauptscheitelpunkt der Ellipse

Die Diffusionseigenschaften der Grenzfläche werden mit den Mechanismen der Korngrenzendiffusion approximiert, vergleiche Mechanismus 6 aus Abbildung 5.2. Der Volumenstrom, der durch die Korngrenzendiffusion seitlich entlang der Grenzfläche zum Hauptscheitelpunkt der Ellipse fließt, wird aus Gleichung 5.29 berechnet. Dabei wird die Proportionalität der Stromfläche und der Grenzschichtlage δ_B berücksichtigt und der Diffusionskoeffizient für Korngrenzendiffusion D_B verwendet:

$$\dot{V}_6 = \frac{3 \cdot D_B \cdot \delta_B \cdot \Omega}{2 \cdot a \cdot k_B \cdot T}\left(\frac{P \cdot b}{a} - \frac{\gamma_S}{a} - \frac{\gamma_S}{r_c}\right). \tag{5.30}$$

Volumendiffusion des Matrixmaterials seitlich entlang der Grenzfläche zum Hauptscheitelpunkt der Ellipse

Die Stromfläche des Volumenstroms des Matrixmaterials seitlich entlang der Grenzfläche zum Hauptscheitelpunkt ist proportional zum Krümmungsradius.

Somit folgt aus Gleichung 5.29, unter Berücksichtigung des Volumendiffusionskoeffizienten D_V, für die zeitliche Änderung des Volumenstroms:

$$\dot{V}_7 = \frac{3 \cdot D_V \cdot r_c \cdot \Omega}{a \cdot k_B \cdot T} \left(\frac{P \cdot b}{a} - \frac{\gamma_S}{a} - \frac{\gamma_S}{r_c} \right). \tag{5.31}$$

Konsequenz der Korngröße

Für Korngrößen, die deutlich kleiner sind als die verwendete Breite der Einheitszelle, stoßen mehrere Korngrenzen auf den Hohlraum, wie in Abbildung 5.4 zu erkennen ist. Der Einfluss dieser Korngrenzen muss zusätzlich zu der Grenzfläche, die als Korngrenze angenommen wird, bei der Berechnung der Eliminierung des Hohlraums berücksichtigt werden. Die Triebkraft des chemischen Potentials ist vom Winkel der wirkenden Kraft und der Korngrenze abhängig. Diese Triebkraft ist am größten, wenn die aufgebrachte Spannung senkrecht auf der Korngrenze steht. Die Gleichungen zur Berechnung des Volumenstroms verändern sich entsprechend und aus Gleichung 5.30 wird:

$$\dot{V}_6 = \frac{3 \cdot D_B \cdot \delta_B \cdot \Omega}{a \cdot k_B \cdot T} \left[\left[\left(\frac{P \cdot b}{a} - \frac{\gamma}{r_n} \right) \cos\Phi \right] - \frac{\gamma}{a} \right], \tag{5.32}$$

der Krümmungsradius an dem Punkt der Entstehung der Korngrenze wird mit r_n bezeichnet. Φ ist der Winkel zwischen der Korngrenze und der als Korngrenze angenäherten Grenzfläche der beiden Fügeteile und aus Gleichung 5.31 wird:

$$\dot{V}_7 = \frac{3 \cdot D_V \cdot r \cdot \Omega}{a \cdot k_B \cdot T} \left[\left[\left(\frac{P \cdot b}{a} - \frac{\gamma}{r_n} \right) \cos\Phi \right] - \frac{\gamma}{a} \right]. \tag{5.33}$$

5.1.4 Kriechen

Der zeitliche Wachstumsprozess eines elliptischen Lochs in einem idealen isotropen Material wird für einen ebenen Dehnungszustand von Hancock modelliert [143]. Dieses Modell wird auf das Schließen eines elliptischen Lochs übertragen. Die Berechnung der Wachstumsgeschwindigkeit erfolgt unter Einbeziehung des mittleren Radius R der Ellipse und der entsprechenden Exzentrizität M:

$$R = \frac{c+h}{2} \tag{5.34}$$

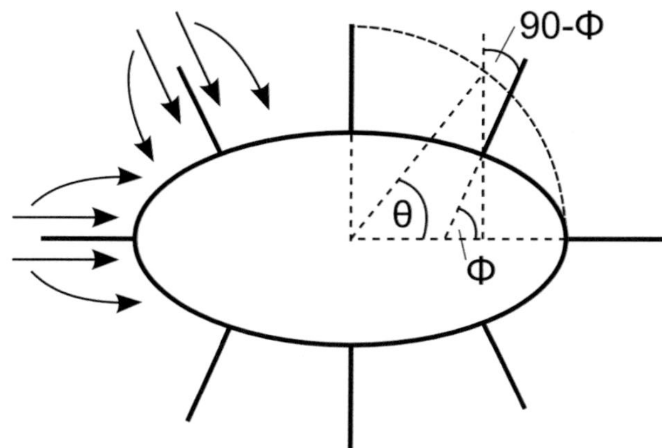

Abbildung 5.4: Schematische Darstellung der Wirkungsweise von Korngrenzen am elliptischen Hohlraum. Bei einer kleinen Korngröße, im Verhältnis zur Breite der Einheitszelle, kann entlang mehrerer Korngrenzen Materialtransport erfolgen; adaptiert nach [13]

und

$$M = \frac{c - h}{c + h}.$$ (5.35)

Es folgt

$$\frac{1}{R}\frac{dR}{dt} = \frac{\sqrt{3}\cdot\dot{\varepsilon}}{2\left(1 - \frac{1}{n}\right)}\sinh\left(1 - \frac{1}{n}\right)$$ (5.36)

und

$$\frac{1}{M - 1}\frac{dM}{dt} = \frac{\sqrt{3}\cdot\dot{\varepsilon}}{\left(1 - \frac{1}{n}\right)\cdot\sinh\left(1 - \frac{1}{n}\right)}.$$ (5.37)

Wobei durch Gleichsetzen von Gleichung 5.34 und 5.35

$$h = R\left(1 - M\right)$$ (5.38)

folgt. Die Ableitung von Gleichung 5.38 ergibt:

$$\frac{dh}{dt} = \frac{dR}{dt}\left(1 - M\right) - R\frac{dM}{dt}.$$ (5.39)

Durch Einsetzen (Gleichung 5.34, 5.35, 5.36 und 5.37 in Gleichung 5.39) und Ableiten nach der Zeit kann die zeitliche Änderung der Hohlraumhöhe bestimmt werden:

$$\frac{dh}{dt} = -\frac{h}{2}\frac{\sqrt{3}\cdot\dot{\varepsilon}}{\left(1-\frac{1}{n}\right)}\cdot\sinh\left(1-\frac{1}{n}\right). \tag{5.40}$$

Das Materialvolumen bleibt bei dem Kriechprozess konstant, sodass die zeitliche Änderung der Kontaktfläche Gleichung 5.28 entspricht:

$$\frac{da}{dt} = -\frac{1}{h}\left[b\left(\frac{\pi}{4}-1\right)+a\right]\frac{dh}{dt}. \tag{5.41}$$

5.2 Eingangsparameter

Die numerische Modellierung des Diffusionsschweißprozesses erfolgt mit dem MATLAB-Clon GNU Octave. In die Modellierung des Diffusionsschweißens fließen einige materialspezifische Kennwerte ein. Die Kennwerte, die mechanisch oder mikrostrukturell ermittelt werden können, wurden in Kapitel 4 bestimmt. Einige Kennwerte, wie Oberflächenenergien oder Diffusionskoeffizienten können nur mit sehr großem experimentellem Aufwand bestimmt werden, sodass auf Literaturwerte zurückgegriffen wird. Solche Kenngrößen liegen allerdings nur in geringem Umfang für ausgewählte Elemente und Legierungen vor, sodass für den hier untersuchten Werkstoff PM2000 vereinfachende Annahmen getroffen werden müssen. Die Lösung des Anfangswertproblems erfolgt mit dem impliziten, 4-stufigen Runge-Kutta Verfahren [144].

Der Hauptbestandteil von PM2000 ist Eisen. Es wird daher angenommen, dass das PM2000 Kristallgitter dem Eisenkristallgitter ähnelt. Eisen durchläuft bei der Erwärmung bis zur Schmelztemperatur mehrere Gitterumwandlungen von kubischraumzentriert (krz) in kubischflächenzentriert (kfz) und zurück in krz [145]. Diese veränderte Gitterstruktur beeinträchtigt maßgeblich die Diffusion in einem Temperaturbereich, der für Diffusionsschweißungen relevant ist. Aus diesem Grund wird eine thermodynamische Berechnung des Phasengleichgewichts von PM2000 mit Matcalc [146] durchgeführt. Dieses Programm basiert auf der CHALPHAD (engl. *Computer Coupling of Phase Diagrams and Thermochemistry*) Methode [147] und die dafür benötigten thermodynamischen Daten werden der Literatur [148] entnommen. Für die Berechnung der Phasenanteile wird die chemische Zusammensetzung des PM2000 zu einer Ei-

Tabelle 5.1: Verwendete Diffusionsdaten für die Berechnung des diffusionsgesteuerten Materialtransports für PM2000.

Parameter	Symbol	Einheit	Wert	Quelle
Volumendiffusion:				
Vorfaktor	$D_{0,V}$	$m^2 \cdot s^{-1}$	$1,8 \cdot 10^{-5}$	[149]
Aktivierungsenergie	Q_V	$J \cdot mol^{-1}$	208000	[149]
Korngrenzendiffusion:				
Vorfaktor	$D_{0,B}$	$m^2 \cdot s^{-1}$	$1,1 \cdot 10^{-2}$	[13]
Aktivierungsenergie	Q_B	$J \cdot mol^{-1}$	174000	[13]
Oberflächendiffusion:				
Vorfaktor	$D_{0,S}$	$m^2 \cdot s^{-1}$	10	[13]
Aktivierungsenergie	Q_S	$J \cdot mol^{-1}$	241000	[13]

senlegierung mit 19 Gew.-% Chrom und 0,02 Gew.-% Kohlenstoff vereinfacht. Die Legierungsbestandteile Aluminium, Titan und Yttriumoxid sind primär zur Ausbildung der Partikel erforderlich und finden deshalb in dieser Modellierung keine Berücksichtigung. Die thermodynamischen Berechnungen resultieren in einer stabilen krz Phase, die bis zum Erreichen der Schmelztemperatur vollständig erhalten bleibt. Obwohl ein höherer Anteil an Kohlenstoff angenommen wurde, als im PM2000 enthalten ist, bilden sich keine Karbide aus.

Es gibt kaum Untersuchungen von Diffusionskoeffizienten für Eisen-Chrom-Legierungen mit einer vergleichbaren Zusammensetzung zu PM2000, weshalb größtenteils die Diffusionseigenschaften von Eisen für die Diffusionsschweiß-simulation verwendet werden. PM2000 liegt aufgrund des hohen Chromanteils bis zur Schmelztemperatur im krz Gitter vor, weshalb die Diffusionsdaten von α-Eisen verwendet werden. Für die Volumendiffusion werden die Daten einer 19,75 % Chrom-Eisen-Legierung verwendet [149]. In Tabelle 5.1 sind die für die Simulation verwendeten Diffusionsdaten aufgelistet und Tabelle 5.2 zeigt weitere Materialparameter von PM2000, die in der Diffusionsschweißsimulation zur Anwendung kommen.

Die Anfangswerte der Rauheit der Oberfläche werden durch Oberflächenrauheitsmessungen quer zu den Schleifriefen bestimmt, wie in Kapitel 3.4 eingeführt.

Tabelle 5.2: Verwendete Eingangsparameter für die Berechnung des Diffusionsschweißmodells für PM2000.

Parameter	Symbol	Einheit	Wert	Quelle
Atomvolumen	Ω	nm^3	$8,7845 \cdot 10^{-3}$	[150]
Burgersvektor	b_v	nm^3	$0,2487$	[151]
Dichte	ρ	$kg \cdot m^{-3}$	$7,18 \cdot 10^3$	[61]
Schmelztemperatur	T_m	K	1756	[61]
Schubmodul (RT bis 1400 °C)	G	GPa	$64 - 36,87$	[5, 151]
Temperaturkoeffizient, Schubmodul	K_T	/	$-0,81$	[152]
Dehngrenze (RT bis 1400 °C)	$R_{p,0,2}$	MPa	$627 - 31$	Kapitel 4.4
Oberflächenenergie	γ_S	$J \cdot m^{-2}$	$1,95$	[13]
Grenzflächenenergie	γ	$J \cdot m^{-2}$	$0,78$	[13]
Grenzschichtlage	δ_B	nm	$0,1$	[13]
Oberflächenschichtlage	δ_S	nm	$0,1$	[13]

5.3 Anpassung auf ODS Stahl

Das Diffusionsschweißmodell von Hill und Wallach wird auf die Anwendbarkeit für ODS Materialien überprüft und erweitert. Dabei werden sowohl grundsätzliche Besonderheiten von ODS Materialien berücksichtigt, wie auch spezifische Besonderheiten von PM2000.

5.3.1 Labyrinthkoeffizient

Die Oxidpartikel in ODS Materialien können die Volumendiffusion durch die Matrix behindern oder aber auch zur Beschleunigung der Diffusion entlang des Partikels führen, da entlang der inkohärenten Grenzfläche zwischen dem Partikel und der Matrix eine erhöhte Diffusivität vorliegt. Zur Korrektur des Diffusionsverhaltens wird ein Labyrinthkoeffizient in die Simulation eingeführt, der von der Partikeldichte, dem mittleren Partikeldurchmesser und der Partikelmorphologie abhängig ist [153]. Die Diffusionskoeffizienten von PM2000 sind nicht bekannt und werden, wie oben beschrieben, angenähert.

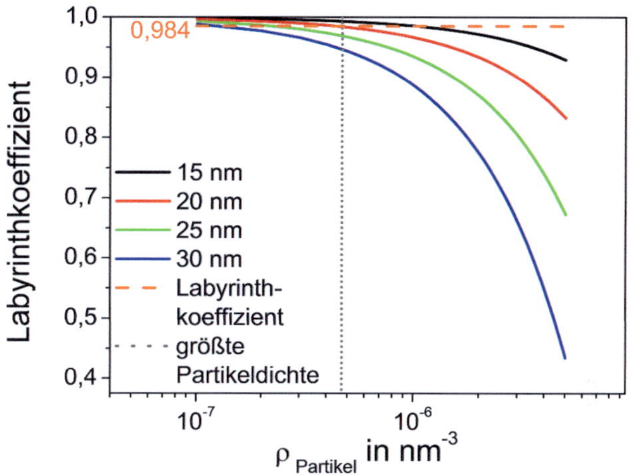

Abbildung 5.5: Bestimmung des Labyrinthkoeffizienten in Abhängigkeit der Partikeldichte und des mittleren Partikeldurchmessers.

Es wird untersucht, ob die Oxidpartikel in der Matrix einen Einfluss auf die Diffusionskoeffizienten haben.

Die Diffusionskoeffizienten werden durch die Gitterstruktur der vorliegenden Phase bestimmt. Die Oxidpartikel sind ein Bestandteil des Kristallgitters und können die Diffusionsgeschwindigkeit beeinflussen. Das Volumen, in dem Leerstellendiffusion erfolgt, ist um den Volumenanteil der Oxidpartikel verringert.

Es wird angenommen, dass die Partikelmorphologie so ausgebildet ist, dass die Partikel eine Diffusion vollständig verhindern, womit der Labyrinthkoeffizient nur noch vom Partikeldurchmesser und der Partikeldichte abhängig ist. Das Gesamtvolumen wird um den Anteil der Oxidpartikel vermindert, der wiederum mit dem Labyrinthkoeffizienten gewichtet ist. Abbildung 5.5 zeigt den Labyrinthkoeffizientenverlauf bei unterschiedlichen Partikeldurchmessern. Mit zunehmendem Partikeldurchmesser nimmt der Einfluss des Labyrinthkoeffizienten und damit die Reduktion der Volumendiffusion, zu. Die größte gemessene Partikeldichte im verwendeten PM2000 beträgt $4{,}7 \cdot 10^{-7}\,\text{nm}^{-3}$ und die Auswertung des mittleren Partikeldurchmessers ergibt einen Wert von 20 nm.

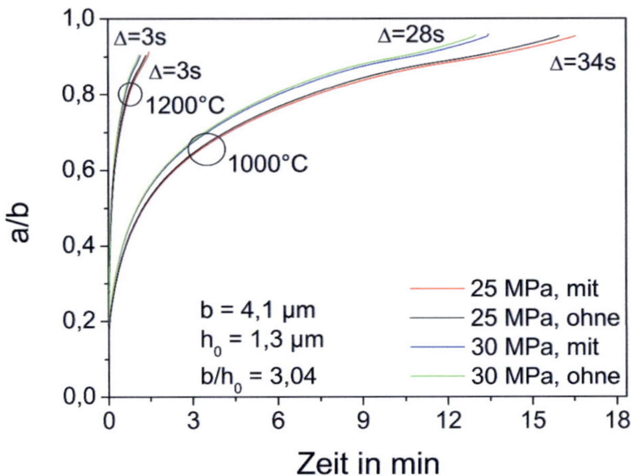

Abbildung 5.6: Einfluss der Verwendung des Labyrinthkoeffizienten auf die Modellierung des Diffusionsschweißprozesses. Der Einfluss der Oxidpartikel auf die Diffusion ist gering. $\frac{a}{b}$ beschreibt den Anteil der bereits gefügten Fläche.

Die Berechnung des Labyrinthkoeffizienten ergibt einen Wert von $0,984$, die verwendeten Parameter sind Anhang 8.4 zu entnehmen.

Die Auswirkung des Labyrinthkoeffizienten auf die Modellierung des Diffusionsschweißens wird in einer Parameterstudie simulativ untersucht; diese Ergebnisse sind in Abbildung 5.6 dargestellt. Das Verhältnis $\frac{a}{b}$ beschreibt den Anteil der bereits gefügten Fläche, wenn a der halben Breite der Einheitszelle b entspricht, so ist die gesamte Fläche verschweißt. Die Verminderung der Diffusion durch die Einführung des Labyrinthkoeffizienten führt bis zur Schließung des Hohlraums bei der Modellierung des gesamten Diffusionsschweißprozesses zu einer längeren Prozessdauer. Die Parameterstudie zeigt, dass mit steigender Diffusionsschweißtemperatur und mit steigendem Diffusionsschweißdruck die Differenz zwischen der Modellierung mit und ohne der Verwendung des Labyrinthkoeffizienten abnimmt. Im Gegensatz dazu steigt sie mit größer werdender Breite der Einheitszelle. Abbildung 5.6 stellt die ungünstigste untersuchte Breite der Einheitszelle bei einer Temperatur von $1000\,°C$ und einem Druck von $25\,MPa$ dar. Die erfolgreiche Schließung der Hohlräume mit der Verwendung des Labyrinthkoeffizienten erfolgt nach $16,5\,min$. Die Berechnung ohne den Labyrinthkoeffizienten ergibt eine Diffusionsschweißzeit von etwa $16\,min$.

Der Unterschied der Schließung des Hohlraums bei der Berechnung mit und ohne Labyrinthkoeffizient beträgt 34 s. Die Berechnungen haben folglich gezeigt, dass der Einfluss des Labyrinthkoeffizienten bereits für ungünstige Diffusionsschweißbedingungen gering ist und aus diesem Grund in den weiteren Simulationen vernachlässigt werden kann. Der Einfluss der Beschleunigung der Diffusion entlang der Grenzfläche ist dementsprechend ebenfalls so gering, dass er vernachlässigt werden kann.

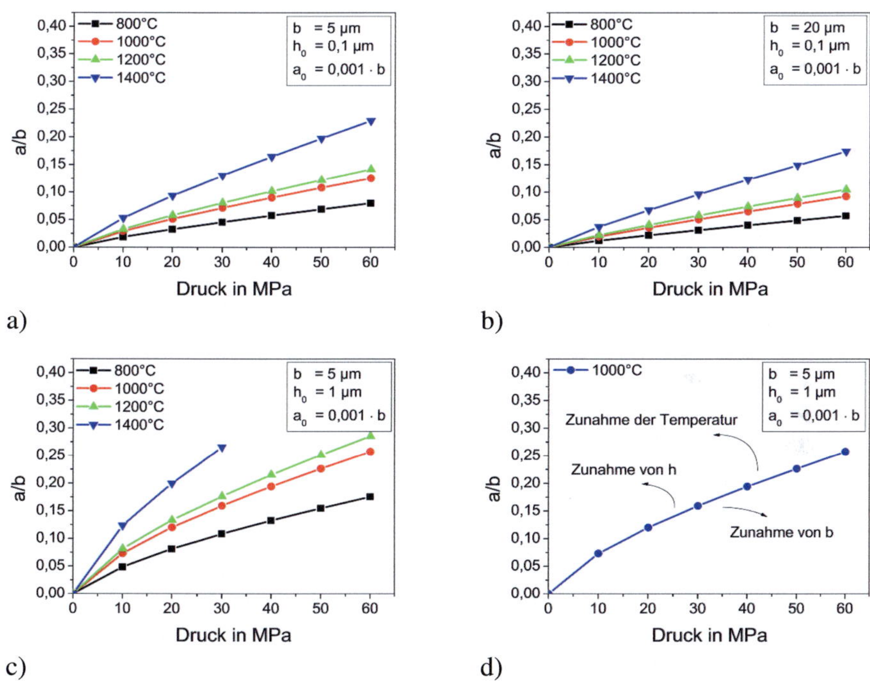

Abbildung 5.7: Modellierung der spontanen plastischen Deformation. a) Verwendung von realistischen Anfangswerten, b) die halbe Breite der Einheitszelle wird vergrößert, c) die Höhe des Hohlraums wird vermindert, d) eine Zunahme des Drucks, der Höhe der Einheitszelle, sowie der Temperatur führen zu einer Zunahme der gefügten Fläche.

5.3.2 Spontane plastische Deformation

Die spontane plastische Deformation ist ein zeitunabhängiger Prozess, der durch die Einwirkung des äußeren Drucks zu einer Verformung der Hohlraumgeometrie und somit zu einem erhöhten Grad der Schließung des Hohlraums führt. Abbildungen 5.7 a) bis c) zeigen den Einfluss der halben Einheitszellenbreite und Höhe, dem Druck und der Temperatur. Abbildung 5.7 d) zeigt zusammenfassend, dass mit ansteigender Temperatur und Höhe der Ellipse und ansteigendem Druck der Anteil der gefügten Fläche, durch spontane plastische Deformation, zunimmt. Die Minderung des Einflusses der spontanen plastischen Deformation bei Vergrößerung der halben Breite der Einheitszelle bestätigt die Relevanz des Aspektverhältnisses der Breite zur Höhe der Ellipse.

Die Berechnung der spontanen plastischen Deformation basiert auf materialspezifischen Kenndaten, Geometriebedingungen des elliptischen Hohlraums, dem Mises Kriterium sowie dem hydrostatischen Druck, sodass für die Modellierung von ODS Legierungen keine mathematischen Veränderungen dieser Gleichungen getroffen werden müssen. Die Größe der Oxidpartikel ist zu klein, als dass sie bei diesen Betrachtungen einen Einfluss hätten.

5.3.3 Materialtransportpfade entlang der Hohlraumoberfläche

Die Berechnung der Volumen- und Oberflächendiffusion beruht auf der Annahme der Volumenkonstanz, den Geometrieabhängigkeiten des elliptischen Hohlraums sowie dem Leerstellenkonzentrationsgradienten, der von den Krümmungsradien abhängig ist. Bei der Modellierung des Diffusionsschweißens von ODS Legierungen liegt keine Änderung dieser Annahmen vor. Für die Modellierung der Verdampfung und Kondensation entlang der Hohlraumoberfläche wird ebenfalls keine Modifikation des Modells vorgenommen, denn auch die Langmuirgleichung ist durch die Oxidpartikel unbeeinflusst, da sie von der Dampfdruckdifferenz, der Stromfläche, dem Atomvolumen, der Dichte und der Temperatur abhängig ist.

5.3.4 Korngrenzendiffusion

Die Gleichungen zur Berechnung der Korngrenzendiffusion beinhalten Geometrieparameter und die Annahme der Volumenkonstanz; der Volumenstrom beruht auf der Differenz des chemischen Potentials bei unterschiedlichen Oberflächenkrümmungen. In ODS Materialien wirken diese Mechanismen auf identische Art und Weise wie in partikelfreien Legierungen.

Zusätzlich erfolgt eine Überprüfung des mittleren Korndurchmessers bezüglich der Geometrieparameter Breite und Höhe des elliptischen Hohlraums. Wenn der mittlere Korndurchmesser deutlich kleiner als die Breite der Einheitszelle ist, so stoßen zusätzliche Korngrenzen auf die Ellipse, die berücksichtigt werden müssen. Die metallographischen Untersuchungen an PM2000 aus Kapitel 4.3 ermitteln einen mittleren Korndurchmesser von einigen hundert Mikrometern und die polierten Oberflächen weisen eine Rauheitswellenlänge zwischen $2,5\,\mu m$ und $4,2\,\mu m$ auf. Diese Rauheitskennwerte sind deutlich kleiner als der mittlere Korndurchmesser, weshalb der Einfluss der Korngrenzendiffusion an zusätzlichen Korngrenzen in der Modellierung vernachlässigt werden kann.

5.3.5 Kriechverhalten

Das Kriechverhalten von ODS Materialien unterscheidet sich stark zu partikelfreien Materialien, wie aus Kapitel 2.1.2 bekannt ist. In die Bestimmung der zeitlichen Änderung der Hohlraumhöhe und der bereits gefügten Fläche geht neben Geometrieabhängigkeiten des elliptischen Hohlraums die Kriechrate ein. Hill und Wallach verwenden den Ansatz des exponentiellen Norton-Kriechens, der für ODS Legierungen nicht geeignet ist. Deshalb wird für die Modellierung des Kriecheinflusses bei ODS Materialien das Kriechgesetz von Rösler und Arzt verwendet. Dieses ist bereits in Gleichung 2.5 eingeführt und ist speziell für ODS Materialien entwickelt worden [42]. In Tabelle 5.3 sind die verwendeten Parameter zur Bestimmung der Kriechrate aufgelistet. Der mittlere Radius, arithmetische Mittelwert, Medianwert und die Standardabweichung der Partikelgrößenverteilung sowie der Partikelvolumenanteil sind durch die Auswertung von TEM Hellfeldbildern an einer Probe im Anlieferungszustand experimentell ermittelt worden. Die Bestimmung des Relaxationsfaktors ist bereits in Kapitel 4.5 beschrieben. Der Spannungsexponent aus Gleichung 5.36 bzw. Gleichung 5.37 wird auf 9 festgesetzt [49].

Die Modellierung des Diffusionsschweißprozesses zeigt, dass die verwendeten Parameter zur Berechnung der Kriechrate zu keinem Einfluss des Kriechmechanismuses in der Gesamtmodellierung führen. Erst eine Erhöhung des Relaxationsfaktors auf Werte nahe 1 zeigt einen Einfluss der Kriechrate auf den Gesamtmechanismus, wie in Abbildung 5.8 zu sehen ist. Die Erhöhung der Temperatur fördert die Versetzungsbewegung, sodass für höhere Temperaturen

Tabelle 5.3: Verwendete Parameter zur Berechnung der Kriechrate nach Rösler und Arzt.

Parameter	Symbol	Einheit	Wert	Quelle
Mittlerer Partikelradius	r	nm	9	exp. Daten
Arithmetischer Mittelwert der Partikelgrößenverteilung	r_A	nm	18,2	exp. Daten
Median der Partikelgrößenverteilung	r_M	nm	6	exp. Daten
Standardabweichung der Partikelgrößenverteilung	S_A	nm	21,1	exp. Daten
Partikelvolumenanteil	f_v	–	1,47	exp. Daten
Relaxationsfaktor	κ	–	0,793	exp. Daten
Versetzungsdichte	ρ_D	m^{-2}	10^{13}	[57]

der Einfluss des Kriechens größer wird. Gleichzeitig nimmt allerdings das Diffusionsvermögen zu und verdrängt den Einfluss des Kriechprozesses bei der Wechselwirkung der Mechanismen, die aus der großen Ellipse eine kleine formen und denen, die den elliptischen Hohlraum zu einem Kreis umformen. Eine Druckerhöhung wirkt ebenfalls hemmend auf den Einfluss des Kriechens, da die Grenzflächendiffusion überwiegt. Ein Relaxationsfaktor von 1 bedeutet allerdings, dass keine Anziehungskräfte zwischen den Partikeln und den Versetzungen vorhanden sind [42] und somit die dispersiv verteilten Oxidpartikel keinen verfestigenden Einfluss haben.

5.4 Parameterstudie der Diffusionsschweißparameter

Das Zusammenspiel von drei verschiedenen zeitabhängigen Mechanismenfamilien führt zur vollständigen Verschweißung der beiden Fügeteile. Die Mechanismenfamilien sind in Kapitel 5.1 näher beschrieben. Dies sind die Diffusionsmechanismen, die ihre Quelle an der Oberfläche des Hohlraums haben, Grenzflächendiffusionsprozesse, sowie das Kriechen. Diese Mechanismen können sich unter bestimmten Konstellationen gegenseitig beeinflussen, wie in Abbildung 5.9 zu sehen ist. Aufgrund von numerischen Instabilitäten wird die Berechnung bis zu einer Schließung der Hohlräume von etwa 95 % durchgeführt. Im Folgenden werden nur noch die Kurven der gesamten gefügten Fläche präsentiert und auf die Darstellung von Einzelmechanismen verzichtet.

Es werden die Abhängigkeit des Schweißdrucks, der Schweißtemperatur, sowie der Oberflächenrauheit auf die Diffusionsschweißzeit untersucht. Abbil-

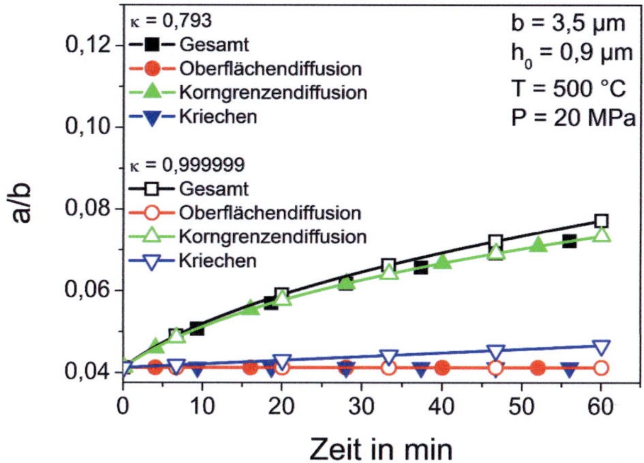

Abbildung 5.8: Simulation des Diffusionsschweißens unter Variation des Relaxationsfaktors. Der experimentell ermittelte Relaxationsfaktor $\kappa = 0,793$ erzeugt keinen Einfluss des Kriechmechanismus auf die Schließung des Hohlraums. Eine deutliche Vergrößerung des Relaxationsfaktors führt zu einer Beschleunigung der Verschweißung. Zur Sichtbarmachung ist ein verhältnismäßig niedriger Druck und eine niedrige Temperatur gewählt. Die Erhöhung der Temperatur führt zur schnelleren Versetzungsbewegung aber auch zu schnelleren Diffusionsprozessen. Eine Druckerhöhung fördert neben dem Kriechmechanismus die Grenzflächendiffusion, die bei sehr hohen Drücken und Temperaturen dominiert und den Einfluss des Kriechmechanismus minimiert.

dungen 5.10 a), b) und c) veranschaulichen die Ergebnisse dieser Parameterstudie. Mit zunehmender Temperatur verkürzt sich die benötigte Diffusionsschweißzeit ebenso wie mit zunehmendem Druck und abnehmenden Rauheitskennwerten.

Die Mikrostrukturuntersuchungen aus Kapitel 4.3 propagieren eine maximale Diffusionsschweißtemperatur von 1200 °C. Aus Abbildung 5.10 a) wird deutlich, dass höhere Temperaturen die erforderliche Diffusionsschweißzeit nur in sehr geringem Maße noch beschleunigen können, da die berechnete Diffusionsschweißzeit bei 1200 °C bereits im Bereich von 1 min bis 2 min liegt. Somit hat diese Einschränkung der Diffusionsschweißtemperatur keinen nennenswerten Einfluss auf die Wirtschaftlichkeit durch zu lange Schweißzeiten. Ebenso zeigt die Verwendung eines Drucks von 60 MPa eine berechnete Schweißzeit von etwa 1 min. Eine weitere Druckerhöhung kann somit keinen deutlichen Vorteil

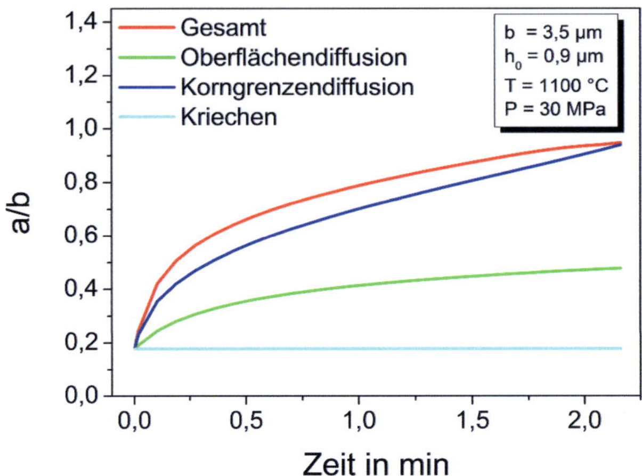

Abbildung 5.9: Modellierung der Hohlraumschließung mit allen beteiligten Mechanismen.

in der Reduktion der Diffusionsschweißzeit zeigen, wie in Abbildung 5.10 b) dargestellt ist.

5.5 Kontinuierliche Drucksteigerung

Die Schließung des elliptischen Hohlraums beruht nach Hill und Wallach auf sieben unterschiedlichen Mechanismen, die alle die bereits gefügte Kontaktfläche vergrößern. Die oberflächendiffusionsgesteuerten Mechanismen wirken am effektivsten, je größer das Verhältnis der langen zur kurzen Halbachse der Ellipse ist. Allerdings bewirken diese oberflächendiffusionsgesteuerten Mechanismen die Formierung einer Kreisfläche aus der elliptischen Fläche. Damit diese Mechanismen während der gesamten Diffusionsschweißzeit zur Hohlraumschließung beitragen können, wird der Einfluss von Mechanismen benötigt, die die kleine Halbachse vermindern. Diese sind neben der anfänglich wirkenden spontanen plastischen Deformation die grenzflächengesteuerten Diffusionsprozesse sowie das Kriechen. Es besteht die Möglichkeit den Druck während des Diffusionsschweißprozesses stetig zu steigern, um einen Mechanismus einzuführen der zusätzlich zur konzentrischen Schließung des Hohlraums führt. Durch eine lineare Drucksteigerung während des Diffusionsschweißprozesses

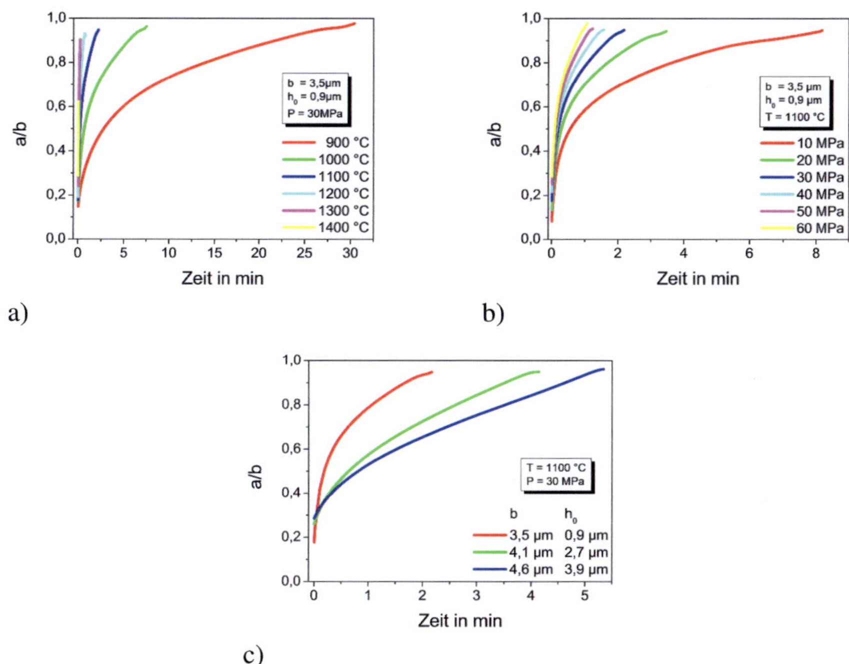

a) b) c)

Abbildung 5.10: Modellierung der Hohlraumschließung. a) Eine Temperaturerhöhung beschleunigt den Diffusionsschweißprozess ebenso wie b) eine Druckerhöhung oder c) eine Verminderung der Oberflächenrauheit.

würde eine immer fortwährende, zusätzliche plastische Deformation, ähnlich der zeitunabhängigen, spontanen plastischen Deformation, wirken.

Die Implementierung der zusätzlichen plastischen Deformation erfolgt über eine zusätzliche iterative Berechnung der plastischen Deformation zu jedem Zeitschritt. Für jeden Zeitschritt folgt der iterativen Neuberechnung der bereits gefügten Fläche sowie der Höhe des elliptischen Hohlraums die Berechnung der Veränderungen der bereits gefügten Fläche und der Höhe des elliptischen Hohlraums, die durch die diffusionsgesteurten Mechanismen hervorgerufen werden. Diese veränderten Werte sind die Eingangsparameter für die plastische Deformation des folgenden Zeitschritts.

Die Modellierungsergebnisse zeigen, dass der Einfluss der zusätzlichen plastischen Deformation sehr gering ist. Die Zunahme der Fügefläche durch die diffusionsgesteuerten Mechanismen ist deutlich größer als die Zunahme durch die zusätzliche plastische Deformation. Wie in Abbildung 5.11 zu erkennen ist beträgt der Zeitgewinn für die Simulation bei 1100 °C nur etwa 6 s. Es sind die Kurven bei konstanten Druck für 10 MPa und 60 MPa und für eine Druckrampe von 10 MPa bis 60 MPa dargestellt. Unabhängig davon ob ein definierter Druck instantan aufgebracht wird oder über einen bestimmten Zeitraum ist der Einfluss der spontanen plastischen Deformation identisch.

Drei der sechs zeitabhängigen Mechanismen sind von der angelegten Spannung abhängig. Diese sind neben dem Kriechmechanismus die Grenzflächen- sowie die Volumendiffusion entlang der Grenzfläche, vergleiche Gleichung 5.30 und Gleichung 5.31. Da der Kriechmechanismus bei PM2000 keinen signifikanten Einfluss auf die Schließung des Hohlraums hat, erfolgt die Beschleunigung des Diffusionsschweißprozesses ausschließlich durch den Einfluss der Grenzflächendiffusion und der Volumendiffusion entlang der Grenzfläche. Abbildung 5.11 zeigt neben den unterschiedlichen wirkenden Mechanismenfamilien für die Kraftrampe ebenfalls den Einfluss nur der spontanen plastischen Deformation. Im Vergleich zu den Grenzflächendiffusionsmechanismen ist der Einfluss deutlich kleiner. Aufgrund der gleichzeitig wirkenden oberflächengesteuerten Mechanismen, die dem Hohlraum eine kreisförmige Gestalt geben, sowie des starken Einflusses der Diffusionsprozesse entlang der Grenzfläche, die sehr schnell erfolgt, ist der Einfluss der zusätzlichen spontanen plastischen Deformation gering.

Die lineare Drucksteigerung während des Diffusionsschweißprozesses beschleunigt den Diffusionsschweißvorgang marginal, da die diffusionsgesteuerten Mechanismen den Zuwachs der Kontaktfläche dominieren. Durch die sehr geringen Unterschiede ist die simulativ beobachtete Reduktion der Diffusionsschweißzeit experimentell nicht nachzuweisen, da sie weit innerhalb der zu erwartenden experimentellen Toleranzen liegt.

5.6 Zusammenfassung

In diesem Teil der Arbeit wurde die Entwicklung eines Diffusionsschweißmodells für die Simulation der Schweißung von ODS Materialien vorgestellt. Ziel war es, ein bestehendes Diffusionsschweißmodell von Hill und Wallach auf die Anwendbarkeit für ODS Materialien zu prüfen und durch die Ergänzung und Modifikation des Modells auf den Einfluss von dispergierten Oxidpartikeln zu erweitern. Diese Adaptionen ermöglichen die Anwendung dieses Diffusions-

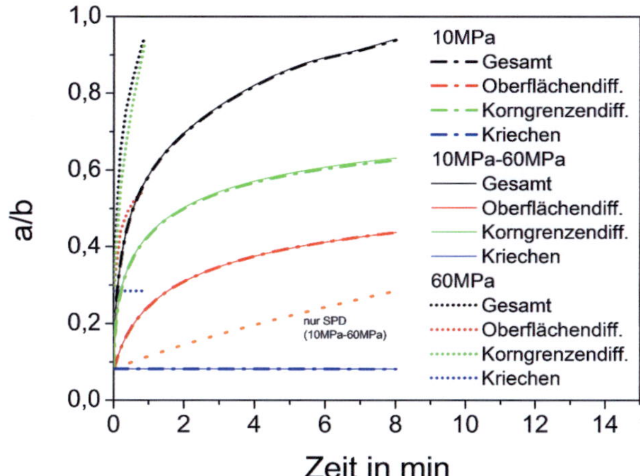

Abbildung 5.11: Die lineare Druckerhöhung während des Diffusionsschweißprozesses führt zu einer Beschleunigung des Fügevorgangs von 6 s. Die verwendeten Simulationsparameter sind b $= 3,5\,\mu$m, $h_0 = 0,9\,\mu$m und T $= 1100\,^{\circ}$C.

schweißmodells für beliebige ODS Materialien; am Beispiel des ODS Stahls PM2000 wurde das Diffusionsschweißmodell insbesondere auf ODS Stähle angepasst und evaluiert.

Das Hauptmerkmal von ODS Materialien im Vergleich zu herkömmlichen Materialien sind die Oxidpartikel, die zum einen die Diffusion beeinflussen und zum anderen veränderte mechanische Eigenschaften hervorrufen können. Berechnungen bei denen ein Labyrinthkoeffizienteingeführt wurde, der die Hemmung der Diffusion durch die Oxidpartikel simuliert, ergaben keine signifikante Hemmung der Diffusion.

Weitere Adaptionen am Modell wurden bei der Berechnung der Korngrenzendiffusion und dem Kriechverhalten vorgenommen. Aufgrund des im PM2000 vorliegenden groben Korngefüges wurde ausschließlich die Grenzfläche als Korngrenze modelliert und es wurde angenommen, dass keine weiteren Korngrenzen auf den elliptischen Hohlraum stoßen. Da sich das Kriechverhalten von ODS Materialien maßgeblich von herkömmlichen Materialien unterscheidet, wurde die von Rösler und Arzt für ODS Legierungen entwickelte Kriechratengleichung in das Modell integriert.

Die Eingangsparameter für die Simulation wurden teilweise experimentell in Kapitel 4 bestimmt und teils aus der Literatur entnommen. Da viele Werte nur für einfache Materialsysteme wie reines Eisen oder Chrom-Eisen-Legierungen bekannt sind, wurden die einzelnen Parameter auf ihre Anwendbarkeit bei der Modellierung von PM2000 überprüft. In einer thermodynamischen Simulation wurden die Phasenanteile von PM2000 bis zur Schmelztemperatur berechnet, um die Wahl der adäquaten Diffusionskoeffizienten zu ermöglichen. PM2000 liegt bis zur Schmelztemperatur im kubischraumzentrierten Gitter vor, weshalb keine Gitterumwandlungen in der Modellierung berücksichtigt werden mussten.

Eine Parameterstudie verifizierte den Einfluss der unterschiedlichen Mechanismen und Parameter des adaptierten Diffusionsschweißmodells. Es zeigte sich, dass eine Steigerung der Temperatur, des Drucks sowie eine Minderung der Oberflächenrauheitswerte zu einer schnelleren Schließung der Hohlräume an der Grenzfläche führt. Bei der Verwendung der Materialparameter von PM2000 liegt die Diffusionsschweißzeit im Bereich von wenigen Minuten bis zu einer halben Stunde, wobei der Kriechmechanismus keinerlei Einfluss auf die Gesamtschweißung hat.

Die Ausweitung von Mechanismen, die eine konzentrische Hohlraumschließung bewirken, wurde anhand einer kontinuierlichen Drucksteigerung während des Diffusionsschweißprozesses untersucht. Diese soll, ähnlich der spontanen plastischen Deformation die gefügte Fläche vergrößern und so eine kürzere Schweißzeit ermöglichen. Die Simulationsergebnisse bestätigten dieses Verhalten, allerdings ist der Einfluss zu gering, um ihn experimentell nachzuweisen.

6 Diffusionsschweißversuche

In diesem Kapitel wird die Evaluierung des Diffusionsschweißmodells durch die mechanische und mikrostrukturelle Charakterisierung von Diffusionsschweißungen vorgestellt. Es wird experimentell der Einfluss der Diffusionsschweißdauer, Diffusionsschweißtemperatur und Oberflächenrauheit sowie des Diffusionsschweißdrucks untersucht. Anschließend folgt eine Bewertung der durchgeführten PM2000-PM2000 Diffusionsschweißungen.

6.1 Proben

Die Probengeometrie, experimentelle Durchführung der Diffusionsschweißversuche und Vermessung der Oberflächenrauheit sind in Kapitel 3.4 bereits eingeführt. Die Oberflächenrauheiten werden durch die Wahl des Schleifpapiers bestimmt. Abbildung 6.1 zeigt jeweils drei Linienprofile der Probenoberfläche, die mit Schleifpapier der Körnungen P2500 und P4000 geschliffen sind. Die mittlere Wellenlänge dieser Oberflächenrauheitsmessungen wird manuell ausgewertet und entspricht der Breite der Einheitszelle. Die Höhe der Ellipse wird durch die maximale Rauhtiefe R_{max} nach DIN EN ISO 4287 beschrieben und die Verwendung der maximalen Rauhtiefe beschreibt den größtmöglichen Hohlraum und die ungünstigste Hohlraumgeometrie. Neben der Oberflächenrauheit ist eine Welligkeit über die Probenlänge zu erkennen, die aus dem ungleichmäßigen Anpressdruck beim Schleifen resultiert.

Die Oberflächenrauheitskennwerte, die in den folgenden Kapiteln für die jeweiligen Schweißungen angegeben sind, variieren leicht. Dies liegt in der individuellen Vermessung unterschiedlicher Schweißchargen begründet. Bei dem Vergleich der Diffusionsschweißungen untereinander werden die Oberflächenrauheiten, die mit der gleichen Schleifpapierkörnung erzeugt wurden, als identisch betrachtet.

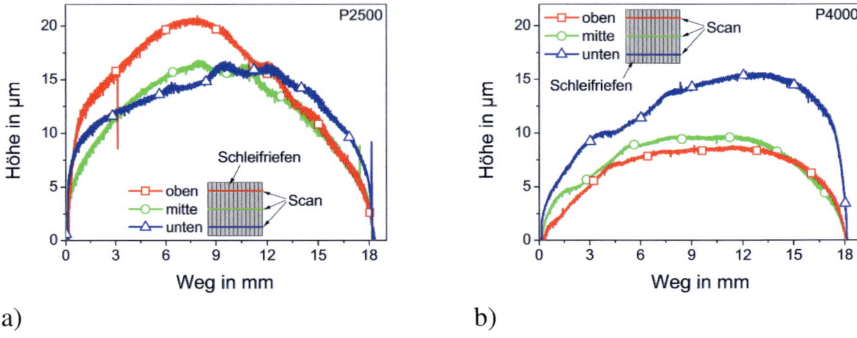

a)   b)

Figure 6.1: Oberflächenrauheitsprofil der zu verschweißenden Proben, es werden drei Messungen pro Probe durchgeführt. Die Breite und Höhe des modellierten Bereichs betragen a) b $= 4,1\,\mu$m, h$_0 = 1,3\,\mu$m, b) b $= 3,2\,\mu$m und h$_0 = 0,9\,\mu$m.

Die Evaluierung der Diffusionsschweißungen erfolgt sowohl mechanisch als auch mikrostrukturell, da die mikrostrukturelle Betrachtung zur Klärung der veränderten mechanischen Kennwerte beiträgt. Mit den angegebenen Diffusionsschweißparametern wird jeweils eine Probe verschweißt, aus der die Zug-, Kerbschlagbiege- und Metallographieproben entnommen werden, wie in Abbildung 3.6 eingeführt wurde. So kann sichergestellt werden, dass die Schweißbedingungen für jede Probe identisch sind. Einige der Zug-, Kerbschlagbiege- oder auch Metallographieproben sind während der Probenherstellung in der Schweißnaht zerbrochen, da die verschweißte Fläche nicht hinreichend groß war, um den mechanischen Belastungen während der Probenpräparation standzuhalten.

6.2 Mikrostruktur einer diffusionsgeschweißten Naht

Die Mikrostruktur einer diffusionsgeschweißten Probe wird transmissionselektronenmikroskopisch untersucht. Diese Untersuchung wird exemplarisch an einer Probe durchgeführt, die bei 1100 °C für 1 h bei 50 MPa geschweißt wurde, die Anfangsrauheit beträgt b $= 3,2\,\mu$m und h$_0 = 0,9\,\mu$m. Abbildung 6.2 zeigt die mittels FIB hergestellte TEM Lamelle der Schweißnaht im Hellfeldbild, die senkrecht im Bild verläuft. Die waagerechte Kante in dieser Abbildung zeigt unterschiedlich stark ausgedünnte Bereiche der Lamelle, wobei der dünnere, obere Bereich für die weiteren Untersuchungen herangezogen wird.

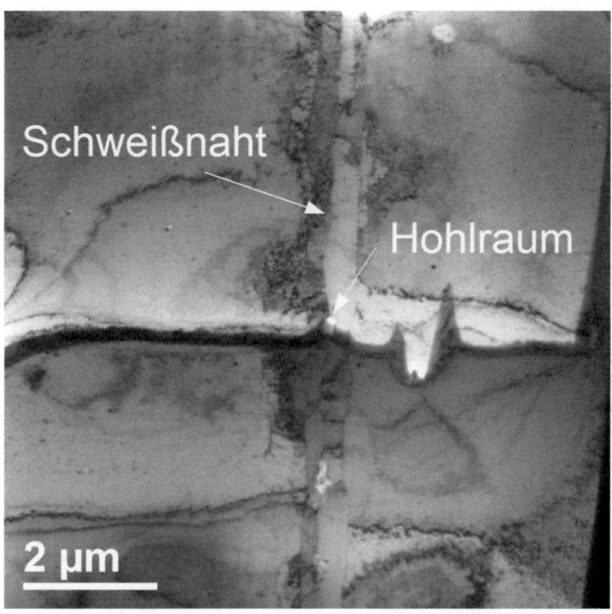

Figure 6.2: TEM Hellfeldaufnahme einer Diffusionsschweißnaht. Die Schweißnaht verläuft senkrecht und die waagerechte Linie trennt zwei unterschiedlich dicke Bereiche der TEM Lamelle, die sich aus der Probenpräparation ergeben.

An der Schweißnaht haben sich kleinere, langgestreckte, neue Subkörner bzw. Körner ausgebildet. EDX Messungen zeigen, dass die kleinen (Sub-)Körner die identische chemische Zusammensetzung zu den großen Körnern bzw. zu Material im Anlieferungszustand aufweisen. Diese Untersuchung bestätigt, dass sich bei der Diffusionsschweißung von PM2000 mit PM2000 keine intermetallischen Phasen ausbilden. Die kleinen Körner weisen eine Vielzahl von Versetzungen und Kleinwinkelkorngrenzen auf, die auf hohe mechanisch wirkende Kräfte zurückzuführen sind [35]. Dies wird durch die Spannungsüberhöhung an den Kontaktflächen beim Aufeinanderpressen während der Schweißung begründet und führt zu einem hohen Verformungsgrad, der Versetzungen bzw. Versetzungsansammlungen generiert, was wiederum in einer Ausbildung von Subkörnern oder auch einer Kornneubildung resultiert.

Figure 6.3: STEM Aufnahme der Diffusionsschweißnaht. Es können keine Partikelagglomerationen beobachtet werden und die Oxidpartikel sind homogen in den (Sub-)Körnern verteilt ohne sich an den Korngrenzen anzusammeln.

Bei dieser Diffusionsschweißung kann keine Partikelagglomeration beobachtet werden, wie in Abbildung 6.3 zu sehen ist. Die Oxidpartikel sind homogen im Korn verteilt und lagern sich nicht an den Korngrenzen an, sodass keine Schwächung der Korngrenzen durch die Oxidpartikel entsteht. Zudem kann an den 35 ausgewerteten Oxidpartikeln kein Partikelwachstum festgestellt werden. Die Auswertung weiterer Partikel wird durch eine lokal hohe Versetzungsdichte, die zu dunklen Kontrasten im Hellfeldbild führt, verhindert.

In der Schweißnaht kann ein Hohlraum beobachtet werden, vergleiche Abbildung 6.2. Dieser liegt unmittelbar am Übergang zwischen den zwei unterschiedlich dicken Bereichen, wodurch er auch durch die Probenpräparation mittels FIB erzeugt worden sein kann. Die Vermessung des untersuchten Bereichs dieser Schweißnaht führt zu einer nahezu porenfreien Verschweißung, unter der Annahme, dass die Pore nicht durch die Probenpräparation entstanden ist. Dieser hohe Verschweißungsgrad sollte nur zu minimalen Verlusten der mechanischen Kennwerte führen.

6.3 Variation der Diffusionsschweißparameter

Zur Verifizierung der modellierten Ergebnisse werden Diffusionsschweißexperimente durchgeführt. Die Modellierung der Diffusionsschweißung erfolgt unter der Annahme von idealen und gleichförmigen Hohlraumgeometrien, einer ideal ebenen Probenoberfläche und es werden Annahmen über die Diffusionskoeffizienten, Oberflächen- und Grenzflächenenergie getroffen. Da bei der Modellierung der Diffusionsschweißungen die Welligkeit der Proben sowie etwaige Verunreinigungen der Fügeflächen nicht berücksichtigt werden können, müssen für die Schweißung grundsätzlich längere Schweißzeiten, hier zwischen 1 h und 2 h, als die von der Simulation vorhergesagten, verwendet werden.

6.3.1 Variation der Schweißdauer

Die experimentelle Schweißdauer wird für die ersten Schweißungen auf 2 h gesetzt. Die mechanischen und mikrostrukturellen Charakterisierungen dieser Schweißungen haben gezeigt, dass die Materialkennwerte vergleichbare Werte zum Anlieferungszustand liefern. Es wird daher untersucht, ob die Schweißzeit von 1 h zur Schließung der Hohlräume ausreicht, die verwendeten Diffusionsschweißparameter für diese Untersuchung sind in Tabelle 6.1 aufgelistet. Abbildung 6.4 zeigt die Modellierungsergebnisse, die mit den in diesem Abschnitt untersuchten Diffusionsschweißparametern erzeugt werden. Die geringfügig unterschiedlichen Oberflächenrauheiten führen zu einer veränderten erforderlichen Zeit zur Schließung der Hohlräume, beide Parametersätze zeigen dennoch eine sehr ähnliche Diffusionsschweißzeit von unter 1, 2 min.

In Abbildung 6.5 sind die Ergebnisse der Zug- und Kerbschlagbiegeversuche dargestellt, die Zahlenwerte dieser Untersuchungen sind in Anhang 8.5.1 aufgeführt. Zugproben, die für 2 h (Parametersatz t2) verschweißt werden, werden bei Raumtemperatur und bei 550 °C getestet. Bei Raumtemperatur zeigt diese Schweißung ein vergleichbares Spannungs-Dehnungs-Verhalten wie das Material im Anlieferungszustand, sowohl die Zugfestigkeit als auch die Bruchdehnung weisen kaum Unterschiede auf und der Bruch ist außerhalb

Table 6.1: Variation der Diffusionsschweißdauer und Parametersätze der durchgeführten Diffusionsschweißungen.

	T	p	b	h_0	Körnung	t
	°C	MPa	µm	µm		h
t1	1100	50	3,2	0,9	P4000	1
t2	1100	50	2,5	1,2	P4000	2

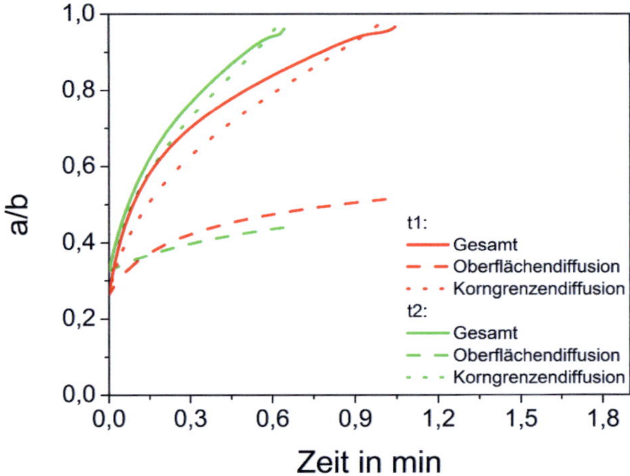

Figure 6.4: Simulation der Hohlraumschließung für die Parametersätze aus Tabelle 6.1. Die leicht unterschiedlichen Oberflächenrauheiten führen zu einem unterschiedlichen Einfluss der spontanen plastischen Deformation.

der Schweißnaht erfolgt. Dies lässt dadrauf schließen, dass die Schweißnaht keine Schwachstelle ist. Die Erhöhung der Prüftemperatur auf 550 °C zeigt eine vergleichbare Zugfestigkeit und eine Abnahme der Bruchdehnung auf etwa 40 % der Bruchdehnung des Materials im Anlieferungszustand, auch diese Probe ist außerhalb der Fügenaht duktil gebrochen. Die deutlich verminderte Bruchdehnung lässt vermuten, dass die Duktilität bei der erhöhten Prüftemperatur niedriger liegt und wird in den Kerbschlagbiegeversuchen näher untersucht.

Die Ergebnisse der Kerbschlagbiegeversuche sind in Abbildung 6.5 b) dargestellt. Bei Raumtemperatur weisen Proben beider Parametersätze sowie

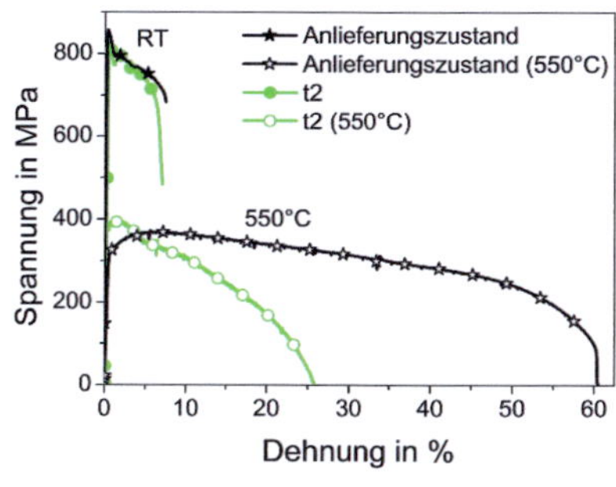

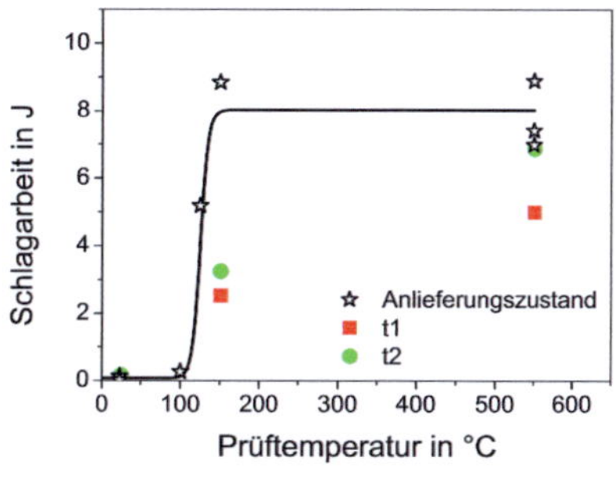

a) Zugversuche

b) Kerbschlagbiegeversuche

Figure 6.5: Mechanische Charakterisierung der diffusionsgeschweißten Proben, bei denen die Diffusionsschweißzeit variiert wird. Die Herstellungsparameter können Tabelle 6.1 entnommen werden.

das Material im Anlieferungszustand ein sprödes Werkstoffverhalten auf. Die Erhöhung der Prüftemperatur auf 150 °C führt zum Übergang zu einem duktileren Verhalten, allerdings weist die Schlagarbeit beider diffusionsgeschweißten Proben nur etwa 40 % der Schlagarbeit im Anlieferungszustand auf. Eine Prüftemperatur von 550 °C führt zu einer nahezu vergleichbaren Schlagarbeit der 2-stündigen Diffusionsschweißung (Parametersatz t2) und dem Material im Anlieferungszustand. Die untersuchten Proben der Schweißzeitvariation sind nicht entlang der Schweißnaht gebrochen. Die Probe, die für 1 h (Parametersatz t1) verschweißt wird, weist bei einer Prüftemperatur von 550 °C eine Schlagarbeit von etwa 65 % des Anlieferungszustands auf. Diese Probe ist makroskopisch vollflächig verschweißt, sodass davon ausgegangen wird, dass die verminderte Schlagarbeit in einem möglicherweise höheren Hohlraumanteil begründet liegt. Eine DBTT Verschiebung, wie sie von Noh *et al.* für eine 15 Gew.-% Cr−Fe ODS Legierung beobachtet wurde [112], scheint bei diesen diffusionsgeschweißten Proben nicht vorzuliegen. Zum einen weisen die ausgelagerten Proben bei identischen Temperaturen solch eine Verschiebung nicht auf, wie in Abbildung 4.11 zu sehen ist und zum anderen wird eine zum Anlieferungszustand veränderte Mikrostruktur in Form neuer, kleiner Körner in der Schweißnaht beobachtet, die einen Festigkeits- und Zähigkeitsverlust erklären können.

Die lichtmikroskopische Untersuchung von Proben dieser beiden Diffusionsschweißungen ist in Abbildung 6.6 dargestellt. Am Probenrand ist für beide

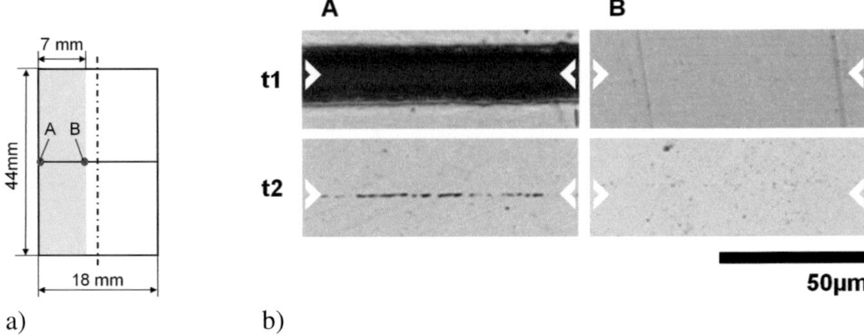

Figure 6.6: Variation der Diffusionsschweißzeit. a) Skizze der betrachteten Positionen in der Schweißnaht. b) Lichtmikroskopische Aufnahmen der diffusionsgeschweißten Proben. Die verwendeten Prozessparameter können Tabelle 6.1 entnommen werden.

Proben eine unvollkommene Schweißung zu erkennen, die sich durch die Bildung von Hohlräumen oder Spalten auszeichnet und durch die Kantenabrundung beim Schleifen begründet werden kann. In der Mitte der geschweißten Proben ist für beide Parametersätze eine Schweißnaht ohne Hohlräume zu erkennen. Der hohlraumfreie Bereich ist für die 2-stündige (Parametersatz t2) deutlich größer als für die 1-stündige Diffusionsschweißung (Parametersatz t1). Dieses Ergebnis kann nicht auf die marginal unterschiedlichen Oberflächenrauheiten zurückgeführt werden, da die Simulationen eine fast identische Diffusionsschweißzeit vorhersagen. Allerdings ist die Welligkeit der Probenoberflächen durch die manuelle Probenpräparation verschieden, was der Grund für den unterschiedlich großen verschweißten Bereich sein kann. PM2000 weist, im Vergleich zu herkömmlichen Stählen, während des Diffusionsschweißprozesses ein vermindertes Kriechen auf, weshalb bereits anfänglich vorhandene Spalte nur erschwert durch Diffusionsprozesse ausgeglichen werden können.

Die Überlegenheit der 2-stündigen Diffusionsschweißung (Parametersatz t2) aus der mechanischen Charakterisierung wird in den metallographischen Untersuchungen weiter deutlich. Die Hohlräume sind auch am Probenrand klein, im Vergleich zu denen der 1-stündigen Diffusionsschweißung. In der Probenmitte ist zu erkennen, dass auch bei einer Diffusionsschweißzeit von 1 h ein Gefüge ohne Hohlräume und Defekte hergestellt werden kann. Die

Table 6.2: Variation der Diffusionsschweißtemperatur, Parametersätze der durchgeführten Diffusionsschweißungen.

	T	p	b	h_0	Körnung	t
	°C	MPa	µm	µm		h
T1	1300	30	3,5	1,5	P2500	2
T2	1100	30	3,2	0,9	P2500	1
T3	1100	50	2,5	1,2	P4000	2
T4	1000	50	3,2	0,9	P4000	1

hohe Ausfallquote liegt vermutlich in der Welligkeit der Probenoberfläche vor der Schweißung begründet. Eine Verlängerung der Schweißzeit auf 2 h ermöglicht durch dem diffusionsgesteuerten Materialtransport einen Ausgleich der Welligkeit.

6.3.2 Variation der Schweißtemperatur

Die Modellierungsergebnisse aus Kapitel 5.4 postulieren eine Verkürzung der Diffusionsschweißzeit mit steigender Diffusionsschweißtemperatur. Dieser Effekt wird primär durch die stark temperaturabhängigen Diffusionsprozesse erzielt. Der Einfluss der Diffusionsschweißtemperatur wird bei zwei unterschiedlichen Drücken getestet, die vier verwendeten Parametersätze sind in Tabelle 6.2 zusammengefasst. Die Schweißungen werden unter Berücksichtigung der bekannten Variationen der Oberflächenrauheiten bei einem Druck von 30 MPa bzw. 50 MPa für 1 h oder 2 h durchgeführt. Aus dem vorherigen Abschnitt wird abgeleitet, dass auch Diffusionsschweißungen von 1 h hohlraumfreie Bereiche auf der Fügenaht hervorbringen können, daher soll weiterhin untersucht werden, ob durch eine Erhöhung der Schweißtemperatur die in Abschnitt 6.3.1 bereits diskutierte Welligkeit auch für kürzere Schweißzeiten ausgeglichen werden kann. Die Modellierungsergebnisse dieser Parametersätze sind in Abbildung 6.7 veranschaulicht.

Die mechanischen Kennwerte der Schweißungen mit einer Variation der Diffusionsschweißtemperatur sind in Abbildung 6.8 dargestellt und tabellarisch in Anhang 8.5.2 aufgeführt. Die bei 30 MPa (Parametersätze T1 und T2) geschweißten Proben werden bei Raumtemperatur im Zugversuch getestet. Die Zugproben, die mit einem Druck von 50 MPa (Parametersätze T3 und T4) hergestellt werden, werden sowohl bei Raumtemperatur als auch bei 550 °C

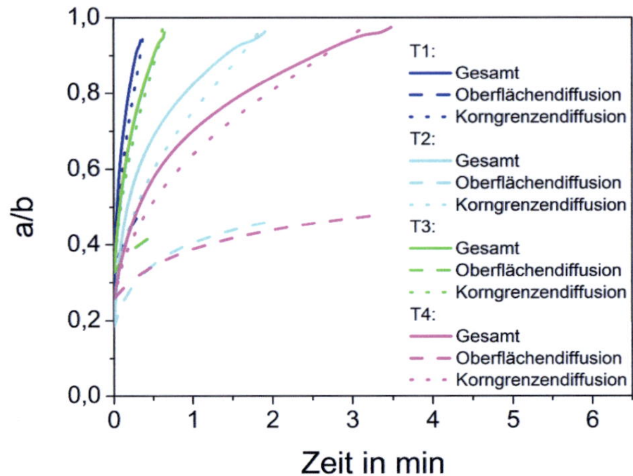

Figure 6.7: Variation der Diffusionsschweißtemperatur. Simulation der Hohlraumschließung mit den Parametersätzen aus Tabelle 6.2. Eine höhere Diffusionsschweißtemperatur führt zu einer schnelleren Schließung des Hohlraums.

getestet. Kerbschlagbiegeversuche werden für die Schweißung, die bei 1300 °C (Parametersatz T1) erfolgt und für beide Schweißungen, die mit einem Druck von 50 MPa (Parametersätzen T3 und T4) verschweißt werden, durchgeführt.

Ein duktiles Verhalten im Zugversuch, mit einer Zugfestigkeit geringfügig unterhalb der des Anlieferungszustands, weist die Zugprobe auf, die bei 1100 °C und 30 MPa (Parametersatz T2) verschweißt wird. Im Gegensatz dazu weist die Schweißung bei der höheren Temperatur (1300 °C) und einem identischen Schweißdruck von 30 MPa (Parametersatz T1) ein sprödes Materialverhalten auf. Die Betrachtung der Bruchfläche zeigt makroskopisch eine vollflächige Verschweißung, sodass der Festigkeitsverlust nicht auf eine unvollständige Schweißnaht zurückgeführt werden kann. Die Diffusionsschweißtemperatur des Parametersatzes T1 liegt mit 1300 °C oberhalb der in Kapitel 4.3 bestimmten maximalen Diffusionsschweißtemperatur, es kommt somit bereits zu Veränderungen in der Partikelgröße. Die Versprödung, die bereits in den Auslagerungsversuchen bei Temperaturen oberhalb von 1300 °C zu erkennen ist, zeigt sich auch bei der Verwendung einer Diffusionsschweißtemperatur von 1300 °C.

Die Zugfestigkeit bei Raumtemperatur ist für die Diffusionsschweißung, die bei 1100 °C und 50 MPa (Parametersatz T3, Bruchfläche außerhalb der Fügefläche) hergestellt wird, etwa 120 MPa höher als die der Diffusionsschweißung, die bei 1000 °C und 50 MPa (Parametersatz T4, Bruchfläche innerhalb der Fügefläche) geschweißt wird. Die Zugfestigkeit und Bruchdehnung bei einer Prüftemperatur von 550 °C sind für beide Schweißungen nahezu identisch, wobei die Bruchflächen für diese Warmzugversuche außerhalb der Schweißnaht liegen. Die Warmzugfestigkeiten zeigen vergleichbare Werte und die Bruchdehnungen entsprechen etwa 40 % der Bruchdehnung im Anlieferungszustand. Die verminderte Bruchdehnung lässt auch bei diesen Untersuchungen auf einen Zähigkeitsverlust durch den Diffusionsschweißvorgang schließen, der durch Kerbschlagbiegeversuche näher untersucht wird.

Die Schlagarbeiten von Proben, die mit den Parametersätzen T3 und T4 hergestellt wurden, zeigen bei einer Prüftemperatur von 550 °C einen deutlichen Übergang zu einer duktilen Hochlage. Proben der Schweißung T3 erreichen nahezu die Werte des Anlieferungszustands und Proben der Schweißung T4 weisen Schlagarbeiten von etwa 70 % der Hochlage der Schweißung T3 auf. Auch bei einer Prüftemperatur von 150 °C weisen die Parametersätze T3 und T4 deutlich niedrigere Werte der Schlagarbeit, im Vergleich zu Material im Anlieferungszustand, auf. Die Schweißung T4 weist um 20 % niedrigere Werte als T3 auf. Dies deutet wie schon bei der Untersuchung der Variation der Schweißdauer auf eine Verminderung der Zähigkeit durch die Neubildung von länglichen Körnern entlang der Schweißnaht hin, wie sie in Abbildung 6.2 zu sehen sind.

Die Proben, die bei 1300 °C hergestellt werden, zeigen sowohl im Zugversuch als auch im Kerbschlagbiegeversuch ein sprödes Materialverhalten. Die verwendete Diffusionsschweißtemperatur von 1300 °C liegt oberhalb der in Kapitel 4.3 bestimmten maximalen Diffusionsschweißtemperatur. Wie in Kapitel 4.3 ausführlicher dargestellt, führt diese überhöhte Temperatur zu einem Festigkeits- und Zähigkeitsverlust und damit zu dem beobachteten, veränderten Werkstoffverhalten. Die ermittelten mechanischen Kennwerte bestätigen das Resultat der Auslagerungsversuche aus Kapitel 4.3.

Die lichtmikroskopischen Aufnahmen der Diffusionsschweißversuche, bei denen die Temperatur variiert wird, sind in Abbildung 6.9 dargestellt. Am Rand sind viele Hohlräume und unvollständig verschweißte Bereiche zu erkennen. Die Ursache dieser unvollständig verschweißten Bereiche ist die Kantenabrundung beim manuellen Schleifen. In der Probenmitte weist die

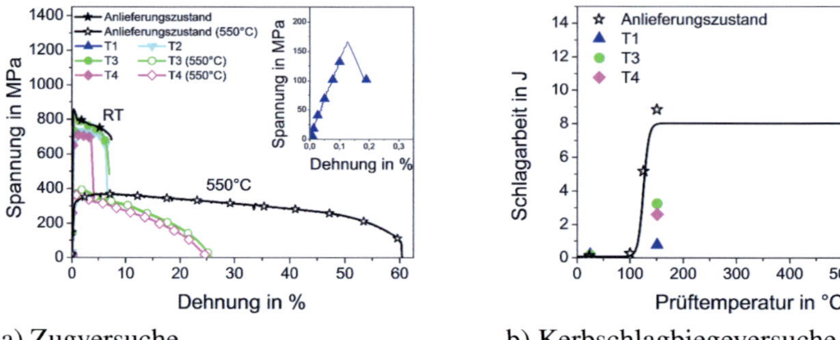

a) Zugversuche

b) Kerbschlagbiegeversuche

Figure 6.8: Mechanische Charakterisierung der diffusionsgeschweißten Proben, bei denen die Diffusionsschweißtemperatur variiert wird. Die Herstellungsparameter können Tabelle 6.2 entnommen werden.

Metallographieprobe, die bei 1300 °C (Parametersatz T1) verschweißt wurde, vereinzelte kleinere Hohlräume auf. Zusätzlich zu der Veränderung der Mikrostruktur durch die hohe Diffusionsschweißtemperatur von 1300 °C weist diese Probe einen deutlich höheren Hohlraumanteil auf der Schweißnaht auf, als die anderen beiden Schweißungen. Dies kann an dem geringeren Prozessdruck liegen, zumal die Probe, die ebenfalls bei 30 MPa und einer Schweißtemperatur von 1100 °C geschweißt wurde, bei der Probenfertigung zerbrochen ist. Die Metallographieproben, die mit den Parametersätzen T3 und T4 verschweißt sind, weisen in der Probenmitte jeweils einen hohlraumfreien Bereich auf, wobei dieser für die 1100 °C Probe (Parametersatz T3) größer ist.

Die metallographischen Untersuchungen bestätigen die mechanischen Charakterisierungsergebnisse. Die Diffusionsschweißung, die bei 1100 °C (Parametersatz T3) durchgeführt wird, weist gegenüber der bei 1000 °C (Parametersatz T4) geschweißten Probe eine höhere Zugfestigkeit und Zähigkeit auf. Dies ist auf die homogenere Verschweißung und die geringere Hohlraumdichte an der Grenzfläche zurückzuführen. Bei den verwendeten Diffusionsschweißdrücken verhindern die Oxidpartikel das Kriechen des Materials, wodurch dieser Mechanismus keinen Beitrag zur Schließung der Hohlräume und zum Ausgleich von Welligkeiten leisten kann. Aus diesem Grund stehen für die zeitabhängigen Prozesse lediglich diffusionsgesteuerte Prozesse zur Verfügung. Somit wird nur durch die Verwendung ausreichend hoher Diffu-

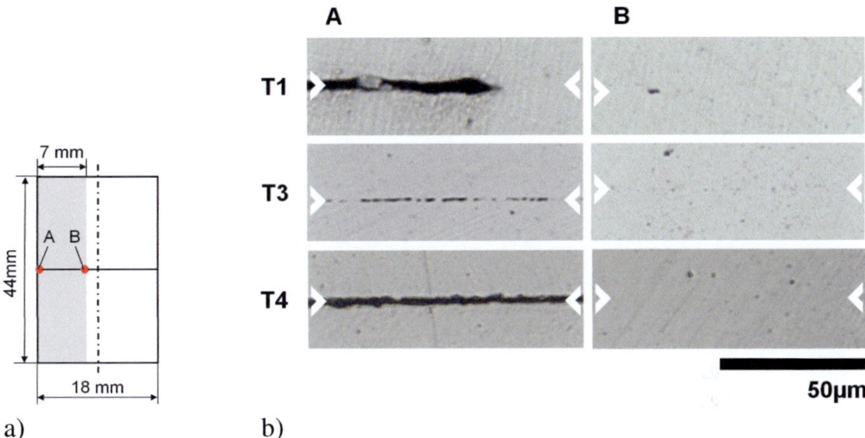

Figure 6.9: Variation der Diffusionsschweißtemperatur. a) Skizze der betrachteten Positionen in der Schweißnaht. b) Lichtmikroskopische Aufnahmen der diffusionsgeschweißten Proben. Die verwendeten Prozessparameter sind in Tabelle 6.2 aufgeführt.

sionsschweißtemperaturen bei konstanter Schweißzeit eine Verringerung der Hohlraumdichte erreicht.

Die Prognosen der Modellierung werden experimentell bestätigt, weshalb mit zunehmender Diffusionsschweißtemperatur höhere Festigkeiten und Zähigkeiten erzielt werden. Es wird eine Schweißnaht erzeugt, die nur geringe Abweichungen der mechanischen und mikrostrukturellen Kennwerte, verglichen zum Anlieferungszustand, aufweist. Die bereits in Kapitel 4.3 ermittelte maximale Diffusionsschweißtemperatur von $1200\,°C$ ist für die Modellierung des Schweißvorgangs als oberer Grenzwert zu betrachten, da eine Überschreitung zu einer zusätzlichen Versprödung des Materials führt.

6.3.3 Variation der Oberflächenrauheit

Die Vermessung der Oberflächenrauheit ergibt etwas verschiedene Anfangswerte der Breite und Höhe des elliptischen Hohlraums der Einheitszelle für die Diffusionsschweißmodellierung. Deshalb wird der Einfluss der indivduellen Oberflächenrauheiten gezielt durch minimal variierende Oberflächenrauheiten getestet. Die Diffusionsschweißtemperatur wird auf $1100\,°C$ fest-

Table 6.3: Variation der Oberflächenrauheitskennwerte, Parametersätze der durchgeführten Diffusionsschweißungen.

	T	p	b	h_0	Körnung	t
	°C	MPa	µm	µm		h
bh1	1100	30	3,2	0,9	P4000	1
bh2	1100	30	4,1	1,3	P2500	1
bh3	1100	50	2,5	1,2	P4000	2
bh4	1100	50	4,2	1,6	P1200	2

gelegt, da die vorherigen Untersuchungen und Modellierungen eine schnelle, vollständige Diffusionsschweißung ohne Festigkeits- und Zähigkeitsverluste bei dieser Temperatur erwarten lassen. Es werden Schweißungen bei zwei unterschiedlichen Drücken (30 MPa und 50 MPa) mit jeweils zwei verschiedenen Oberflächenrauheiten durchgeführt, die Diffusionsschweißparameter sind in Tabelle 6.3 zusammengefasst. Abbildung 6.10 stellt die Diffusionsschweiß-modellierungen der hier untersuchten Diffusionsschweißparameter dar.

Die Daten der Zug- und Kerbschlagbiegeversuche dieser Diffusions-schweißungen sind in Abbildung 6.11 dargestellt und die entsprechenden Zahlenwerte sind im Anhang 8.5.3 zusammengefasst. Es werden Zugversuche für Proben der feineren Oberflächenrauheit (Parametersatz bh3) bei 50 MPa für eine Prüftemperatur von 550 °C sowie bei Raumtemperatur und für die Schweißungen der beiden rauhen Oberflächen (Parametersätze bh2 und bh4) nur bei Raumtemperatur durchgeführt. Kerbschlagbiegeversuche werden für die Schweißungen mit der feineren Oberflächenrauheit bei 30 MPa (Parametersatz bh1) und für beide Oberflächenrauheiten bei 50 MPa (Parametersätzen bh3 und bh4) durchgeführt.

Im Zugversuch zeigt sich, dass die Diffusionsschweißung, die mit der raueren Oberfläche bei 30 MPa (Parametersatz bh2) erzeugt wird, im Gegensatz zu Material im Anlieferungszustand eine etwas verminderte Zugfestigkeit aufweist. Es wird überprüft, ob der Zugfestigkeitsverlust von Proben mit einer größeren Rauheit durch den Einsatz von höherem Druck beim Schweißvorgang ausgeglichen werden kann, deshalb werden Schweißversuche mit unterschiedlichen Oberflächenrauheiten bei einem Druck von 50 MPa durchgeführt.

Die Zugfestigkeit der Probe, die bei 50 MPa und der feineren Oberflächen-rauheit (Parametersatz bh3) verschweißt wurde, entspricht der Zugfestigkeit

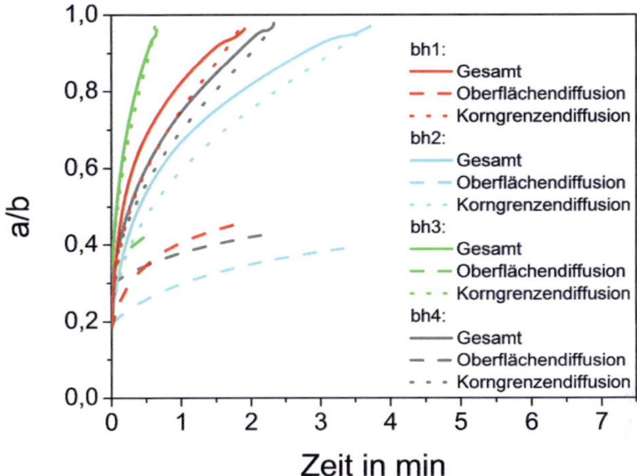

Figure 6.10: Simulation der Hohlraumschließung mit den Parametersätzen aus Tabelle 6.3. Eine gröbere Oberflächenrauheit führt zu einer längeren erforderlichen Diffusionsschweißzeit.

von 829 MPa im Anlieferungszustand. Verglichen damit liegt die Zugfestigkeit der Probe, die mit der raueren Oberfläche (Parametersatz bh4) verschweißt wird, etwa 75 MPa niedriger. Diese Ergebnisse bestätigen die Vorhersagen der Modellierung. Die Zugfestigkeit bei 550 °C erreicht für die Probe mit der feineren Oberfläche (Parametersatz bh3) den Wert des Anlieferungszustands, wohingegen die Bruchdehnung etwa 40 % der des Anlieferungzustands beträgt. Dies wird auf die neu gebildeten Körner und das durch die zusätzlichen Korngrenzen geschwächte Material der Schweißnaht zurückgeführt. Weiterführend untersuchen Kerbschlagbiegeversuche den Duktilitätsverlust des Zugversuchs bei erhöhter Prüftempratur.

Die Kerbschlagbiegeuntersuchungen der Proben mit der feineren Oberfläche, die bei 30 MPa (Parametersatz bh1) geschweißt werden, weisen mit steigender Prüftemperatur einen duktilen Übergang auf, wobei die Werte des Anlieferungszustands nicht erreicht werden, wie aus Abbildung 6.11 b) ersichtlich wird. Die Diffusionsschweißungen, die bei 50 MPa durchgeführt werden, weisen für die feinere Oberfläche (Parametersatz bh3) eine etwas geringere Schlagarbeit und mit der raueren Oberfläche (Parametersatz bh4) eine deutlich verminderte Schlagarbeit im Vergleich zum Anlieferungszustand auf. Der Zähigkeitsverlust

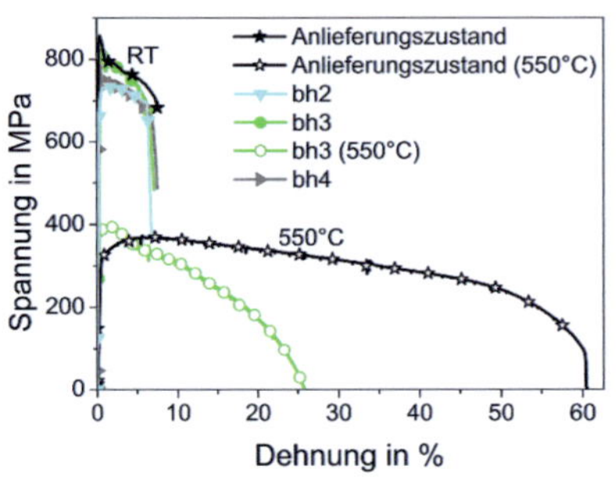
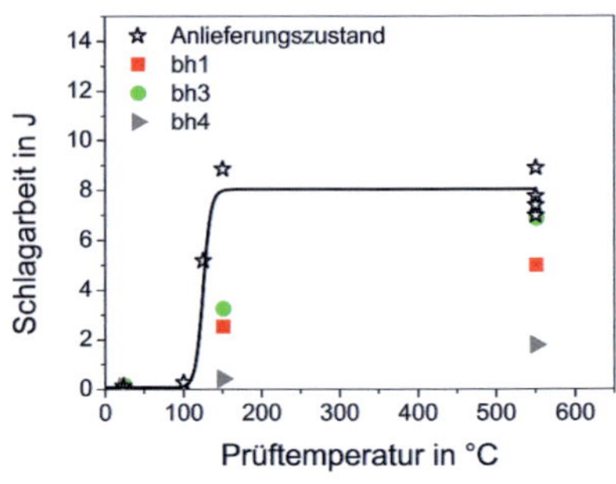

a) Zugversuche

b) Kerbschlagbiegeversuche

Figure 6.11: Mechanische Charakterisierung der diffusionsgeschweißten Proben, bei denen die Oberflächenrauheit variiert wird. Die Herstellungsparameter können Tabelle 6.3 entnommen werden.

bei der raueren Oberfläche, verglichen zu der feineren Oberfläche, wird vermutlich durch die nicht vollständig verschlossenen Hohlräume verursacht.

Die mechanische Charakterisierung der Diffusionsschweißungen mit unterschiedlichen Oberflächenrauheiten sind im Einklang mit den Modellierungsergebnissen aus Kapitel 5. Eine feinere Oberflächenpräparation führt zu einer Schweißung, die geringere Festigkeits- und Zähigkeitsverluste aufweist, vergleichbare Ergebnisse wurden auch für MA956 gezeigt [96].

Abbildung 6.12 zeigt die metallographischen Schliffbilder der Proben. Am Rand der diffusionsgeschweißten Proben sind Hohlräume und eine unvollständige Schweißung zu sehen, die auf die Kantenabrundung während des Schleifprozesses zurückzuführen sind. In der Mitte der geschweißten Proben zeigt sich im Lichtmikroskop für beide untersuchten Oberflächenrauheiten bei 50 MPa (Parametersätze bh3 und bh4) eine defektfreie Schweißung. Demzufolge können bei ausreichend hohem Druck und einer entsprechenden Diffusionsschweißzeit die größeren Hohlräume durch die Diffusionsprozesse geschlossen werden. Sehr kleine Hohlräume können lichtmikroskopisch allerdings nicht nachgewiesen werden, dennoch können sie die Zähigkeit und Festigkeit beeinflussen. In der Probenmitte ist für die Schweißung mit der feineren Oberflächenrauheit und einem Schweißdruck von 30 MPa (Parametersatz bh1) ein hohlraumfreier Bereich zu erkennen. Ein Vergleich zur raueren Oberfläche kann aufgrund des Probenverlusts der Probe mit dem Parametersatz bh2 nicht

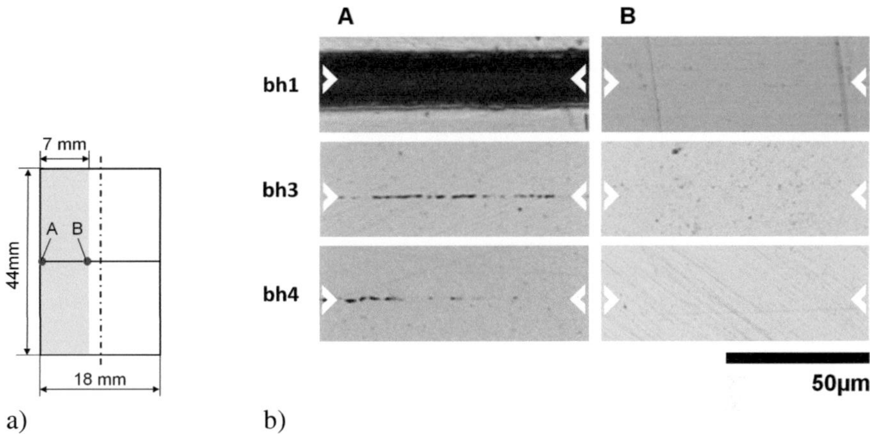

Figure 6.12: Variation der Oberflächenrauheitskennwerte. a) Skizze der betrachteten Positionen in der Schweißnaht. b) Lichtmikroskopische Aufnahmen der diffusionsgeschweißten Proben. Die verwendeten Prozessparameter können Tabelle 6.3 entnommen werden.

angestellt werden. Die metallographische Untersuchung kann keine Unterschiede der untersuchten Oberflächenrauheiten aufzeigen.

Die Modellierungsvorhersagen werden bei der Untersuchung der Oberflächenrauheit weitestgehend bestätigt. Der Vergleich der Proben, die bei 30 MPa (Parametersätze bh1 und bh2) geschweißt werden, kann aufgrund zu vieler Probenverluste während der Probenherstellung nicht erfolgen. Allerdings bestätigen die Untersuchungen der mechanischen Charakterisierung bei einem Diffusionsschweißdruck von 50 MPa (Parametersätze bh3 und bh4), dass eine feinere Oberflächenrauheit zu Schweißungen führt, deren Festigkeits- und Zähigkeitswerte annähernd die des Anlieferungszustands erreichen.

6.3.4 Variation des Schweißdrucks

Die Verwendung eines höheren Diffusionsschweißdrucks soll zu einer verkürzten Diffusionsschweißzeit führen, wie in Kapitel 5 gezeigt wird. Es werden zwei verschiedene Diffusionsschweißdrücke von 30 MPa und 50 MPa verwendet, die Diffusionsschweißparameter sind in Tabelle 6.4 aufgeführt. Die zugehörigen Simulationen der Hohlraumschließung sind in Abbildung 6.13 dargestellt.

Table 6.4: Variation des Diffusionsschweißdrucks, Parametersätze der durchgeführten Diffusionsschweißungen.

	T	p	b	h_0	Körnung	t
	°C	MPa	µm	µm		h
p1	1100	30	3,2	0,9	P4000	1
p2	1100	50	3,2	0,9	P4000	1

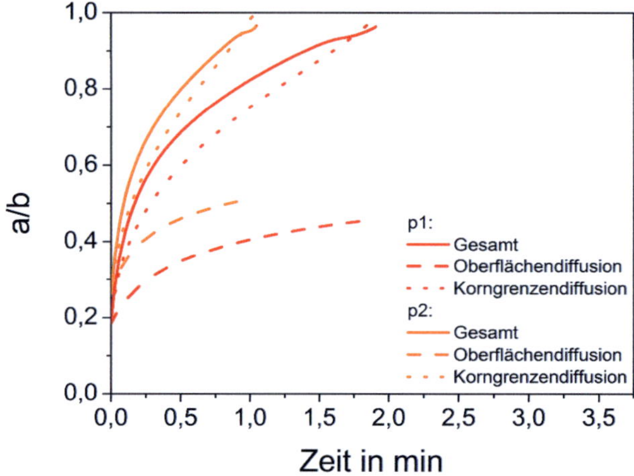

Figure 6.13: Simulation der Hohlraumschließung mit den Parametersätzen aus Tabelle 6.4. Je höher der Diffusionsschweißdruck, desto geringer ist die benötigte Diffusionsschweißzeit.

Die Ergebnisse der mechanischen Charakterisierung dieser Diffusionsschweißungen sind in Abbildung 6.14 dargestellt und die mechanischen Kennwerte sind in Anhang 8.5.4 zusammengefasst. Aus der Diffusionsschweißung mit dem höheren Diffusionsschweißdruck von 50 MPa (Parametersatzes p2) werden Zugproben bei Raumtemperatur und 550 °C getestet. Diese weisen im Zugversuch ein duktiles Verhalten auf, wobei die Zugfestigkeit mit 741 MPa bzw. 574 MPa die des Anlieferungszustands nicht erreicht. Zugversuche bei 550 °C weisen eine dem Anlieferungszustand vergleichbare Zugfestigkeit auf, die Bruchdehnung beträgt etwa 40 % der Bruchdehnung des Materials im Anlieferungszustand. Wie bei den vorhergehenden Untersuchungen wird ver-

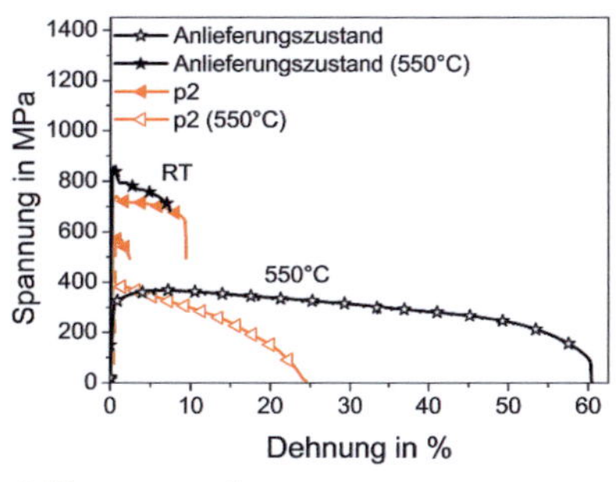

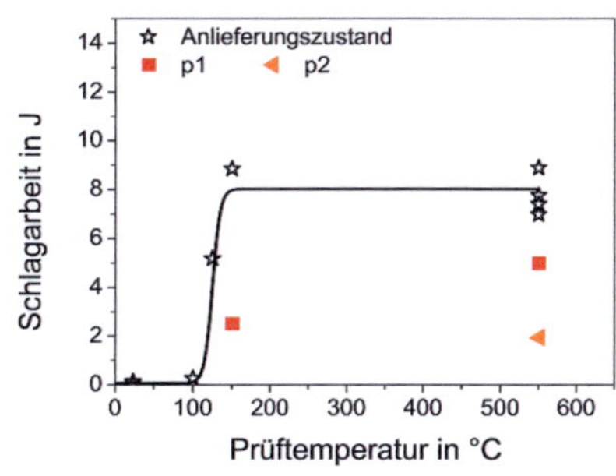

a) Zugversuche

b) Kerbschlagbiegeversuche

Figure 6.14: Mechanische Charakterisierung der diffusionsgeschweißten Proben, bei denen der Diffusionsschweißdruck variiert wird. Die Herstellungsparameter können Tabelle 6.4 entnommen werden.

mutet, dass dieser Zähigkeitsverlust auf die neugebildeten kleinen (Sub-)Körner zurückzuführen ist und wird durch Kerbschlagbiegeversuche näher untersucht.

Kerbschlagbiegeproben werden aus beiden Schweißungen gewonnen und weisen bei erhöhter Prüftemperatur einen Übergang zum duktilen Materialverhalten auf. Bei einer Prüftemperatur von 550 °C zeigt die Schweißung, die bei dem geringeren Druck von 30 MPa hergestellt wird, eine höhere Schlagarbeit als die Schweißung, die bei 50 MPa (Parametersatz p2) hergestellt wird. Die Betrachtung der Bruchfläche der Schweißung, die bei 50 MPa durchgeführt wird, zeigt nur eine 42 %-ige Verschweißung des Prüfquerschnitts. Dies erklärt die niedrige Schlagarbeit, trotz des höheren Schweißdrucks. Die verminderte geschweißte Fläche wird auf die Welligkeit beziehungsweise die Kantenabrundung zurückgeführt.

Die metallographischen Schliffe dieser Diffusionsschweißungen sind in Abbildung 6.15 zu sehen. Beide Proben weisen am Probenrand einen Schlitz auf, der auf keine Verschweißung in diesem Bereich hindeuten lässt und auf die Kantenabrundung beim Schleifen zurückzuführen ist. In der Mitte beider Proben sind Bereiche ausgebildet, die keine Hohlräume aufweisen. Dies zeigt, dass hinreichend plane Oberflächen eine Verschweißung mit einem Diffusionsschweißdruck von 30 MPa ermöglichen.

Die Modellierung von Diffusionsschweißungen, bei denen der Diffusionsschweißdruck variiert wird, prognostiziert eine schnellere Verschweißung, je höher der Diffusionsschweißdruck gewählt wird. Die Ergebnisse der

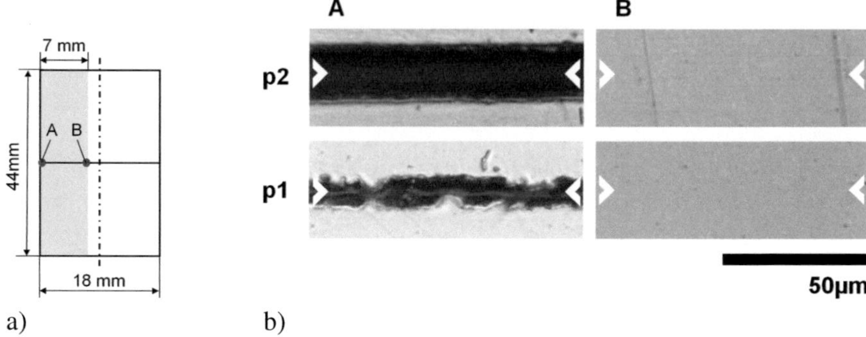

Figure 6.15: Variation des Diffusionsschweißdrucks. a) Skizze der betrachteten Positionen in der Schweißnaht. b) Lichtmikroskopische Aufnahmen der diffusionsgeschweißten Proben. Die verwendeten Prozessparameter können Tabelle 6.4 entnommen werden.

Modellierung werden für MA956 auch experimentell beobachtet [67]. Die hier durchgeführten Experimente konnten aufgrund von Welligkeiten auf den Probenoberflächen die Vorhersagen nicht eindeutig bestätigen.

6.4 Bewertung der Diffusionsschweißungen

Die Vorhersagen der Modellierung des Diffusionsschweißprozesses von PM2000 konnten zum größten Teil mit Hilfe der Diffusionsschweißexperimente bestätigt werden. Eine höhere Diffusionsschweißtemperatur führt zu einer Verbindung mit geringerem Zähigkeits- und Festigkeitsverlust, solange sie unterhalb der maximalen Diffusionsschweißtemperatur von 1200 °C liegt. Ebenfalls geringere Zähigkeits- und Festigkeitsverluste zeigen Diffusionsschweißungen mit einer minimierten Oberflächenrauheit. Es zeigt sich, dass die gewählte Diffusionsschweißdauer von 1 h bzw. 2 h ausreicht, um Diffusionsschweißnähte zu erzeugen, die nur eine minimale Abweichung der Festigkeit und Zähigkeit im Vergleich zum Anlieferungszustand zeigen.

Einige Diffusionsschweißungen haben viele Proben hervorgebracht, die während der Herstellung der Zug-, Kerbschlagbiege- und Metallographieproben an der Schweißnaht zerbrochen sind. Diese Ausfälle werden durch die manuelle Probenpräparation und die dadurch enstehenden Kantenabrundungen und Welligkeiten verursacht. Die manuelle Präparation der Oberflächen der Diffusionsschweißproben führt zu lokalen Unebenheiten oder Welligkeiten, die lokal inhomogene Diffusionsschweißbedingungen hervorbringen. Dementsprechend würde eine Probenpräparationsmethode, die zu geringeren Welligkeiten auf der Probenoberfläche führt, einen höheren Grad an vollflächiger Verschweißung und eine bessere Reproduzierbarkeit ermöglichen.

Der Zähigkeits- und Festigkeitsverlust der Diffusionsschweißverbindungen könnte weiter minimiert werden, wenn nicht rekristallisiertes PM2000 verwendet und nach der Diffusionsschweißung eine Wärmebehandlung zur Rekristallisation des Gefüges erfolgen würde. Dieses Vorgehen ist für das kurzzeitige Flüssigphasendiffusionsschweißen von MA956 bereits erfolgreich gezeigt worden [154]. Es ist anzunehmen, dass sowohl die erhöhte Versetzungsdichte an der Schweißnaht [35] als auch die Schweißnaht selbst nach einer Rekristallisation im Gefüge nicht mehr erkennbar wäre und somit auch zu keinen Verlusten der mechanischen Kennwerte führen würde.

Die Diffusionsschweißung, die bei 1100 °C und einem Diffusionsschweißdruck von 50 MPa für 2 h durchgeführt wird, weist nur sehr geringe Abweichungen der mechanischen Kennwerte im Vergleich zu den Werten des Materials im Anlieferungszustand auf. Diese geringen Abweichungen können mit der Kornneubildung während des Schweißprozesses erklärt werden. Die Vorhersagen der Diffusionsschweißmodellierung können durch die experimentell durchgeführten Diffusionsschweißungen bestätigt werden.

Die Diffusionsschweißung von PM2000 mit PM2000 zeigt Festigkeiten und Zähigkeiten nahe denen des Materials im Anlieferungszustand, wie es auch für andere Schweißverfahren für ODS Stähle gezeigt wurde [155]. Mit den optimalen Diffusionsschweißparametern können Schweißungen ohne Partikelagglomerationen und -wachstum erreicht werden. Damit ist das Diffusionsschweißen den anderen Schweißverfahren wie dem kurzzeitigen Flüssigphasendiffusionsschweißen, Reibrührschweißen oder Elektronenstrahlschweißen überlegen, da bei diesen Verfahren Partikelagglomerationen und -wachstum noch nicht vollständig unterdrückt werden konnten [109, 154, 156, 157]. Mit dem hier gezeigten optimierten Diffusionsschweißprozess für PM2000 kann durch den Verzicht auf Fremdelemente im Matrixmaterial das Auftreten eines Festigkeitsverlusts oder veränderten Korrosions- oder Oxidationsverhaltens der Schweißnaht ausgeschlossen werden.

6.5 Zusammenfassung

Die Verbindung von zwei PM2000 Flächen mittels Diffusionsschweißen konnte erfolgreich gezeigt werden. Die Vorhersagen der Diffusionschweißmodellierung sind bestätigt worden und mit optimalen Diffusionsschweißparametern konnte eine Verbindung erzeugt werden, die nur sehr geringe Verluste in der Festigkeit und Zähigkeit aufweist. Die teilweise beobachteten unverschweißten Bereiche sind auf Kantenabrundungen und die Welligkeit des manuellen Schleifprozesses zurückzuführen. An die Ebenheit der Oberflächen von PM2000 müssen besonders hohe Anforderungen gestellt werden, da das geringe Kriechen von PM2000 während des Schweißprozesses diese Unebenheiten nicht ausgleichen konnte.

Eine Versprödung der Diffusionsschweißnaht konnte bei einer Diffusionsschweißtemperatur oberhalb der in Kapitel 4.3 bestimmten maximalen Diffusionsschweißtemperatur von 1200 °C beobachtet werden.

Die TEM Untersuchungen an einer optimierten Schweißnaht zeigten, dass keine Partikelagglomerationen und kein Partikelwachstum stattfinden. An der Grenzfläche kam es zur Ausbildung neuer kleiner Subkörner bzw. Körner, die bei den derzeitigen Diffusionsschweißungen einen minimalen Verlust der Festigkeits- und Zähigkeitswerte verursachten. Die Verwendung von feinkörnigem, nicht rekristallisierten PM2000 könnte diesen Festigkeits- und Zähigkeitsverlust durch einen Rekristallisationsschritt nach dem Schweißvorgang beheben.

7 Zusammenfassung und Ausblick

Das Ziel, sicherere und effizientere Kernkraftwerke zu bauen, bedarf strahlungsbeständiger Materialien mit einer außerordentlichen Hochtemperaturfestigkeit bei gleichzeitig ausgezeichneten Oxidations- und Korrosionseigenschaften.

In dieser Arbeit wurde am Beispiel der Fe-ODS Legierung PM2000 das Diffusionsschweißen von ODS Legierungen modellierungsunterstützt entwickelt und optimiert. Die Modellierung des Diffusionsschweißens dient auf der einen Seite dem tieferen Verständnis des Diffusionsschweißprozesses und auf der anderen Seite der Verkürzung des experimentellen Optimierungsprozesses an PM2000. Zusätzlich ermöglicht die Verwendung des Diffusionsschweißmodells eine deutliche Verkürzung des Optimierungsprozesses für andere ODS Materialien.

Das Ziel dieser Arbeit ist die Entwicklung eines Diffusionsschweißmodells, dass die besonderen Eigenschaften von ODS Materialien berücksichtigt. Dafür wurde das bestehende Diffusionsschweißmodell nach Hill und Wallach auf seine Anwendbarkeit für ODS Materialien überprüft und an einigen Stellen entsprechend ergänzt und angepasst. Das Kriechverhalten von ODS Werkstoffen unterscheidet sich maßgeblich von dem von partikelfreien Materialien und deshalb wurde in der hier entwickelten Modellierung der Einfluss der Oxidpartikel zusätzlich berücksichtigt. Die erforderlichen Eingangsparameter wurden in mechanischen und mikrostrukturellen Charakterisierungen ermittelt. Zusätzlich wurden Materialkennwerte aus der Literatur auf ihre Anwendbarkeit für die Modellierung von PM2000 überprüft.

Der verwendete PM2000 Rundstab wurde zuerst auf sein homogenes Materialverhalten über den Querschnitt untersucht. Für den 100 mm durchmessenden Rundstab wurde ein runder, homogener Bereich mit einem Duchmesser von 48 mm in der Mitte des Stabs ermittelt.

Es wurden Auslagerungen unter Diffusionsschweißtemperaturbedingungen bis 1400 °C durchgeführt, um den Temperatureinfluss der Diffusionsschweißung auf das Material zu untersuchen und die maximale Diffusionsschweißtemperatur zu bestimmen. Mikrostrukturelle Untersuchungen haben ergeben, dass ein Kornwachstum der PM2000 Körner erfolgt. Zusätzlich wurde durch TEM Untersuchungen nachgewiesen, dass oberhalb einer Temperatur von 1300 °C der Durchmesser der Oxidpartikel zunimmt, während die Partikeldichte konstant bleibt. Die mechanische Charakterisierung erfolgte mittels der Härteprüfung nach Vickers sowie Zug- und Kerbschlagbiegeversuchen. Die Härteversuche wie auch Zug- und Kerbschlagbiegeversuche zeigten für eine Auslagerungstemperatur oberhalb von 1200 °C einen Härte-, Festigkeits- bzw. Zähigkeitsverlust. Aus diesem Grund wurde 1200 °C als maximale Diffusionsschweißtemperatur festgelegt.

In Warmzugversuchen wurde die temperaturabhängige Festigkeit von PM2000 ermittelt, die als Eingangsparameter in die Diffusionsschweißmodellierung eingeht. Zusätzlich wurde das Kurzzeitkriechverhalten in Zug- und Druckkriechversuchen untersucht. Diese Untersuchungen wurden zur Bestimmung des Relaxationsfaktors benötigt, der die anziehende Wirkung der Oxidpartikel auf die Versetzung beschreibt und in die Beschreibung der Kriechrate für ODS Materialien nach Rösler und Arzt eingeht.

Mit der Diffusionsschweißmodellierung werden die physikalischen Vorgänge bei der Verbindung zweier Fügeflächen beschrieben. Der Schweißvorgang führt zu einer Schließung der durch Oberflächenrauheit an der Grenzfläche verursachten Hohlräume. Die Schließung dieser Hohlräume wird durch den zeitunabhängigen Prozess der spontanen plastischen Deformation und eine Reihe von zeitabhängigen Prozessen wie Oberflächen- und Volumendiffusion und Verdampfungs- und Kondensationsprozessen entlang der Hohlraumoberfläche, der Korngrenzen- und Volumendiffusion entlang der Korngrenzen bzw. Grenzflächen sowie dem Kriechen modelliert. Zur Anpassung des Diffusionsschweißmodells wurden einige Gleichungen aufgrund der besonderen Eigenschaften von ODS Materialien angeglichen.

Die Volumendiffusion einer Matrix wird durch die Oxidpartikel in einem ODS Material gehemmt oder entlang der inkohärenten Grenzfläche beschleunigt, aufgrund der offenen Grenzfläche. Um den Diffusionskoeffizienten des ODS Materials aus der Diffusionskonstante der Hauptbestandteile des Matrixmaterials abschätzen zu können, wurde ein Labyrinthkoeffizient eingeführt. Dieser beschreibt, wie stark die Oxidpartikel die Diffusion hemmen. Für

PM2000 ergibt sich ein Labyrinthkoeffizient nahe 1, das heißt die Oxidpartikel behindern die Diffusion nur geringfügig und es wird angenommen, dass die Oxidpartikel keinen Einfluss auf das Diffusionsverhalten haben.

Die Diffusionsprozesse entlang der Grenzfläche der beiden Oberflächen werden modelliert, als wäre die Grenzfläche eine Korngrenze. Da die Korngröße des verwendeten PM2000 bereits im Anlieferungszustand etwa 100 mal größer als die verwendeten Einheitszellenbreiten ist, wurden keine zusätzlichen Korngrenzen, die auf den elliptischen Hohlraum stoßen, in der Modellierung berücksichtigt.

Das Kriechverhalten wurde von Hill und Wallach mit dem Norton-Kriechgesetz beschrieben. Um das spannungsabhängige Kriechverhalten von ODS Legierungen berücksichtigen zu können, wurde das Norton-Kriechgesetz erfolgreich durch ein Kriechratenmodell nach Rösler und Arzt ersetzt.

Eine thermodynamische Berechnung des Phasengleichgewichts bis zum Schmelzpunkt von PM2000 bestätigt, dass aufgrund des hohen Chromgehalts keine Gitterumwandlung bis zur Schmelztemperatur erfolgt. Somit muss in der Modellierung von PM2000 keine Phasenumwandlung berücksichtigt werden und die verwendeten Materialgrößen, wie die Diffusionskoeffizienten, behalten über den gesamten Temperaturbereich ihre Gültigkeit. Diese Berechnungen zeigen außerdem, dass die Materialdaten einer kubischraumzentrierten Eisen Chrom Legierung eine gute Näherung für PM2000 sind.

Mit dem erfolgreich an die besonderen Eigenschaften von ODS Materialien adaptierten Diffusionsschweißmodell wurde eine Parameterstudie der Diffusionsschweißparameter Zeit, Temperatur, Druck und Oberflächenrauheit für die in dieser Arbeit betrachtete Legierung PM2000 durchgeführt. Die Schließung der elliptischen Hohlräume auf der Grenzfläche wird beschleunigt, je höher die Diffusionsschweißtemperatur und der Diffusionsschweißdruck und je feiner die Oberflächenrauheit ist.

Die konzentrische Hohlraumschließung erfolgt durch 3 der 7 wirkenden Mechanismen, dies sind neben dem Kriechprozess die Volumen- und Grenzflächendiffusion entlang der Grenzfläche. Die Simulationen zeigen, dass der Kriechprozess beim Verschweißen von PM2000 mit PM2000 nicht zur Hohlraumschließung beiträgt. Deshalb wurde untersucht, ob durch eine kontinuierliche Drucksteigerung während des Diffusionsschweißprozesses die Volumen- und Korngrenzendiffusion weiter unterstützt werden können. Die Berechnungen ergaben eine Beschleunigung des Diffusionsschweißprozesses durch die kontinuierliche Drucksteigerung, allerdings liegt diese bei wenigen Sekunden, sodass dieser Ansatz experimentell nicht weiter verfolgt wurde.

Die Modellvorhersagen bezüglich der Auswirkung der Diffusionsschweißtemperatur, dem Diffusionsschweißdruck, der Oberflächenrauheit, sowie der erforderlichen Diffusionsschweißzeit wurden durch experimentell durchgeführte Diffusionsschweißungen überprüft. Die mechanische und metallographische Charakterisierung dieser Schweißungen bestätigen weitgehend die Modellierungsergebnisse. Es stellte sich heraus, dass eine Diffusionsschweißtemperatur von 1100 °C, ein Diffusionsschweißdruck von 50 MPa und Oberflächenrauheitskennwerte von $b = 2{,}5\,\mu m$ und $h_0 = 1{,}2\,\mu m$ bei einer Schweißdauer von 2 h nahezu die Festigkeit und Zähigkeit von Material im Anlieferungszustand liefern. Die Betrachtung der Mikrostruktur im TEM zeigt die Ausbildung kleiner, langgestreckter (Sub-)Körner entlang der Grenzfläche. Die TEM Untersuchungen weisen weder eine Partikelagglomeration noch ein Wachstum der Partikel in der Schweißnaht auf. Dies bestätigt den Erhalt des Partikelverfestigungseffekts, der in den mechanischen Charakterisierungen der optimierten Diffusionsschweißung beobachtet werden konnte. Durch die erfolgreiche Diffusionsschweißmodellierung konnte die Optimierung der Verbindung von PM2000 mit PM2000 ohne nennenswerte Festigkeits- und Zähigkeitsverluste mit einer geringen Anzahl experimentell durchgeführter Diffusionsschweißungen erreicht werden.

Eine Verbesserung der Festigkeiten und Zähigkeiten der diffusionsgeschweißten Verbindung ließe sich durch die Verwendung von feinkörnigem Matrixmaterial erzielen. In diesem Fall kann im Anschluss an die Diffusionsschweißung eine Wärmebehandlung zur Rekristallisation des Gefüges erfolgen. Dadurch wird ein grobkörniges Gefüge des gesamten Bauteils erreicht und die Schweißnaht ohne festigkeitsmindernde Grenzfläche in das Gefüge integriert.

Mit dem entwickelten Diffusionsschweißmodell kann der Diffusionsschweißvorgang für eine Vielzahl von ODS Materialien simuliert werden. Für ODS Stähle mit einem niedrigeren Chromgehalt kann das Modell noch um die Berücksichtigung der Gitterumwandlungen erweitert werden, wofür lediglich die Umwandlungstemperaturen und die entsprechenden Diffusionskoeffizienten bekannt sein müssen. Die neuen Diffusionskoeffizienten würden jeweils für einen definierten Temperaturbereich gelten. Hierdurch könnte zum Beispiel berücksichtigt werden, dass durch eine Gitterumwandlung in das kubischflächenzentrierte Kristallgitter die Diffusionsgeschwindigkeiten niedriger sind und es zu einer längeren Gesamtdiffusionsschweißzeit kommen würde.

Dies ist vorallem für die Modellierung der für Generation IV Kernkraftwerke zukunftsträchtigen ODS Stähle mit einem Chromgehalt von 12 Gew.-% bzw. 14 Gew.-% interessant.

Eine Erweiterung des Diffusionsschweißmodells könnte die Betrachtung der passivierenden Oxidschichten auf den Oberflächen von chrom- und aluminiumhaltigen Stählen sein. Diese Oxidschichten hemmen die Diffusionsprozesse an der Grenzfläche und tragen zu einer Behinderung des Diffusionsschweißprozesses bei [98]. Eine derartige Modellierung könnte zum Beispiel entsprechen der Modellierung des kurzzeitigen Flüssigphasendiffusionsschweißprozesses implementiert werden [158].

8 Anhang

8.1 Miniaturisierte Zugprobe

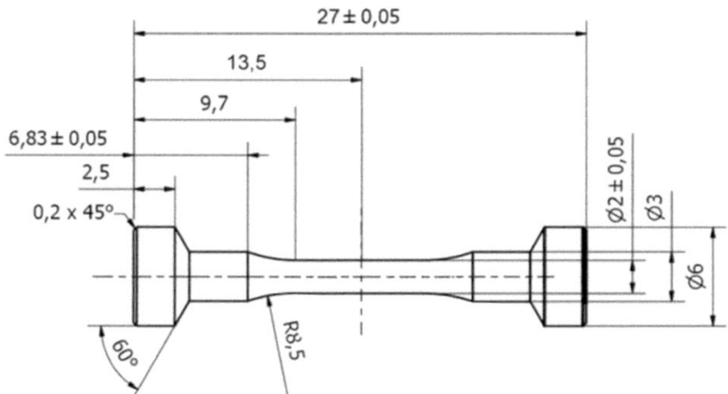

8.2 Mechanische Kennwerte, temperaturabhängig

verwendete Kriechrate: $0,01\,\frac{mm}{s}$

	$R_{p0,2}$	R_m	A_B
	MPa	MPa	%
RT	857	857	7
800 °C	113	117	37
900 °C	85	90	25
1000 °C	65	68	20
1100 °C	62	63	11
1200 °C	56	58	6
1300 °C	46	47	7
1400 °C	30	31	5

8.3 Verwendete Parameter zur Bestimmung des Relaxationsfaktors

	Einheit	Wert	Quelle
T	°C	1100	
G	GPa	$46,84$	[57]
ρ_D	$\frac{1}{m^2}$	$1 \cdot 10^{13}$	[57]
b_V	nm	$0,2487$	[151]
r	nm	9	d.A.
r_M	nm	6	d.A.
S_A	nm	$21,1133$	d.A.
r_A	nm	$18,02$	d.A.
f_V	-	$1,47$	[57]

d.A.: diese Arbeit

8.4 Eingabeparameter der Labyrinthkoeffizientenberechnung

	Einheit	Wert
$\rho_{Partikel}$	nm^{-3}	$1,32 \cdot 10^{-7}$
r	nm	10
b	nm	$3,2188 \cdot 10^3$
h_0	nm	$8,78 \cdot 10^2$

8.5 Mechanische Kennwerte der Diffusionsschweißversuche

8.5.1 Variation der Diffusionsschweißzeit

Zugversuche

	R_m	$R_{p0,2}$	A_B	R_m	$R_{p0,2}$	A_B
Einheit	MPa	MPa	%	MPa	MPa	%
Prüftemperatur	RT	RT	RT	550 °C	550 °C	550 °C
t1	/	/	/	/	/	/
t2	829	826	$6,9^\diamond$	394	388	$25,7^\diamond$

$\diamond$: Bruch außerhalb der Schweißnaht

Kerbschlagbiegeversuche

	A_V	A_V	A_V
Einheit	J	J	J
Prüftemperatur	RT	150 °C	550 °C
t1	/	$2,52^\diamond$	$4,98^\diamond$
t2	$0,16^\diamond$	$3,25^\diamond$	$6,86^\diamond$

$\diamond$: Bruch außerhalb der Schweißnaht

8.5.2 Variation der Diffusionsschweißtemperatur

Zugversuche

	R_m	$R_{p0,2}$	A_B	R_m	$R_{p0,2}$	A_B
Einheit	MPa	MPa	%	MPa	MPa	%
Prüftemperatur	RT	RT	RT	550 °C	550 °C	550 °C
T1	167	/	$0,2^\spadesuit$	/	/	/
T2	733	722	$6,6^\diamond$	/	/	/
T3	829	826	$6,9^\diamond$	394	388	$25,7^\diamond$
T4	711	708	$4,1^\spadesuit$	362	357	$25,1^\diamond$

$\diamond$: Bruch außerhalb der Schweißnaht
$\spadesuit$: Bruch innerhalb der Schweißnaht

Kerbschlagbiegeversuche

	A_V	A_V	A_V
Einheit	J	J	J
Prüftemperatur	RT	150 °C	550 °C
T1	$0,12^\diamond$	$0,77^\diamond$	$0,40^\spadesuit$
T2	/	/	/
T3	$0,16^\diamond$	$3,25^\diamond$	$6,86^\diamond$
T4	/	$2,61^\diamond$	$4,64^\diamond$

$\diamond$: Bruch außerhalb der Schweißnaht
$\spadesuit$: Bruch innerhalb der Schweißnaht

8.5.3 Variation der Oberflächenrauheit

Zugversuche

Einheit	R_m	$R_{p0,2}$	A_B	R_m	$R_{p0,2}$	A_B
	MPa	MPa	%	MPa	MPa	%
Prüftemperatur	RT	RT	RT	550 °C	550 °C	550 °C
bh1	/	/	/	/	/	/
bh2	733	722	6,6$^\diamondsuit$	/	/	/
bh3	829	826	6,9$^\diamondsuit$	394	388	25,7$^\diamondsuit$
bh4	755	767	7,4$^\diamondsuit$	/	/	/

$\diamondsuit$: Bruch außerhalb der Schweißnaht

Kerbschlagbiegeversuche

Einheit	A_V	A_V	A_V
	J	J	J
Prüftemperatur	RT	150 °C	550 °C
bh1	/	2,52$^\diamondsuit$	4,98$^\diamondsuit$
bh2	/	/	/
bh3	0,16$^\diamondsuit$	3,25$^\diamondsuit$	6,86$^\diamondsuit$
bh4	0,12$^\diamondsuit$	0,42$^\diamondsuit$	1,78$^\spadesuit$

$\diamondsuit$: Bruch außerhalb der Schweißnaht
$\spadesuit$: Bruch innerhalb der Schweißnaht

8.5.4 Variation des Diffusionsschweißdrucks

Zugversuche

Einheit	R_m	$R_{p0,2}$	A_B	R_m	$R_{p0,2}$	A_B
	MPa	MPa	%	MPa	MPa	%
Prüftemperatur	RT	RT	RT	550 °C	550 °C	550 °C
p1	/	/	/	/	/	/
p2	741	739	9,2$^\diamondsuit$	384	377	24,4$^\diamondsuit$
p2*	574	541	2,2$^\spadesuit$	/	/	/

* zweite Probe getestet
$\diamondsuit$: Bruch außerhalb der Schweißnaht
$\spadesuit$: Bruch innerhalb der Schweißnaht

Kerbschlagbiegeversuche

	A_V	A_V	A_V
Einheit	J	J	J
Prüftemperatur	RT	150 °C	550 °C
p1	/	$2,52^\diamond$	$4,98^\diamond$
p2	/	/	$1,95^\spadesuit$

$\diamond$: Bruch außerhalb der Schweißnaht
$\spadesuit$: Bruch innerhalb der Schweißnaht

Literaturverzeichnis

[1] LIOR, N.: Energy resources and use: The present situation and possible paths to the future. In: *Energy* 33 (2008), Nr. 6, S. 842–857

[2] U.S. DOE NUCLEAR ENERGY RESEARCH ADVISORY COMMITTEE AND THE GENERATION IV INTERNATIONAL FORUM: *A Technology Roadmap for Generation IV Nuclear Energy Systems*. 2002

[3] ABRAM, T.; ION, S.: Generation-IV nuclear power: A review of the state of the science. In: *Energy Policy* 36 (2008), Nr. 12, S. 4323–4330

[4] FAZIO, C.; GOMEZ BRICENO, D.; RIETH, M.; GESSI, A.; HENRY, J.; MALERBA, L.: Innovative materials for Gen IV systems and transmutation facilities: The cross-cutting research project GETMAT. In: *Nuclear Engineering and Design* 241 (2011), Nr. 9, S. 3514–3520

[5] HERZOG, R.: *Mikrostruktur und mechanische Eigenschaften der Eisenbasis-ODS-Legierung PM2000*, RWTH Aachen, Dissertation, 1997

[6] FAZIO, C.; ALAMO, A.; ALMAZOUZI, A.; DE GRANDIS, S.; GOMEZ-BRICENO, D.; HENRY, J.; MALERBA, L.; RIETH, M.: European cross-cutting research on structural materials for Generation IV and transmutation systems. In: *Journal of Nuclear Materials* 392 (2009), Nr. 2, S. 316–323

[7] KASADA, R.; TODA, N.; YUTANI, K.; CHO, H. S.; KISHIMOTO, H.; KIMURA, A.: Pre- and post-deformation microstructures of oxide dispersion strengthened ferritic steels. In: *Journal of Nuclear Materials* 367-370 (2007), Nr. 1, S. 222–228

[8] GALE, W. F.; KRISHNARDULA, V. G.; LOVE, R.; SOFYAN, N.: *Transient Liquid Phase Bonding of Ferritic Oxide Dispersion Strengthened Alloys.* Final Report, 2006

[9] GERKEN, J. M.; OWCZARSKI, W. A.: A Review of Diffusion Welding. In: *Welding Research Council* 109 (1965), S. 1–28

[10] CHEN, C.-L.; WANG, P.; TATLOCK, G. J.: Phase transformations in yttriumaluminium oxides in friction stir welded and recrystallised PM2000 alloys. In: *Materials at High Temperatures* 26 (2009), Nr. 3, S. 299–303

[11] MOORE, T. J.: Solid-state and fusion resistance spot welding of TD-NiCr sheet. In: *NASA* TN-D-7256, E-7311 (1973), S. 1–36

[12] BASUKI, W. W.; KRAFT, O.; AKTAA, J.: Optimization of solid-state diffusion bonding of Hastelloy C-22 for micro heat exchanger applications by coupling of experiments and simulations. In: *Materials Science and Engineering: A* 538 (2012), S. 340–348

[13] HILL, A.; WALLACH, E. R.: Modelling solid-state diffusion bonding. In: *Acta Metallurgica* 37 (1989), Nr. 9, S. 2425–2437

[14] ARZT, E.: Metallische Hochleistungswerkstoffe für hohe Temperaturen: Grundlagen und Perspektiven - 2. Symposium Metallforschung, 1991, S. 102–116

[15] PLANSEE: *Dispersionsverfestigte Hochtemperaturwerkstoffe*

[16] ARZT, E.: Creep of Dispersion Strengthened Materials: A Critical Assessment. In: *Res Mechanica* 31 (1991), S. 399–453

[17] BÜRGEL, R.; MAIER, H. J.; NIENDORF, T.: *Handbuch Hochtemperatur-Werkstofftechnik.* 4. Aufl. Vieweg + Teubner, 2011. – S. 136–149; 348–362; 439–450

[18] SINGER, R. F.; ARZT, E.: Structure, Processing and Properties of ODS Superalloys. In: *High Temperature Alloys for Gas Turbines and other Applications* (1986), S. 97–126

[19] UKAI, S.; FUJIWARA, M.: Perspective of ODS alloys application in nuclear environments. In: *Journal of Nuclear Materials* 307-311 (2002), Nr. 1, S. 749–757

[20] BENJAMIN, J.: Dispersion strengthened superalloys by mechanical alloying. In: *Metallurgical and Materials Transactions B* 1 (1970), Nr. 10, S. 2943–2951

[21] BLOCH, E. A.; HUG, H.; LESZYNSKI, W. (Hrsg.): *Powder Metallurgy.* Interscience Publishers, 1961. – S. 371–385

[22] MACKIW, V. N.; KUNDA, V.; HAWORTH, J. B.: *Method of Producing Composite Non-Metallic Metal Powders.* 1958. – Patent

[23] ALEXANDER, G. B.; PASFIELD, W. H.: *Process for Producing Sintered Metals with Dispersed Oxides.* 1962. – Patent

[24] KIM, I.-S.; OKUDA, T.; KANG, C.-Y.; SUNG, J.-H.; MAZIASZ, P.; KLUEH, R.; MIYAHARA, K.: Effect of oxide species and thermomechanical treatments on the strength properties of mechanically alloyed Fe-17%Cr ferritic ODS materials. In: *Metals and Materials International* 6 (2000), Nr. 6, S. 513–518

[25] SURYANARAYANA, C.: Mechanical alloying and milling. In: *Progress in Materials Science* 46 (2001), S. 1–184

[26] IMAI, Y.; HIROTANI, H.; LESZYNSKI, W. (Hrsg.): *Dispersion-Strengthened Steel.* Interscience Publishers, 1961. – S. 359–369

[27] GOETZEL, C. G.; BUNSHAH, R. F.; LESZYNSKI, W. (Hrsg.): *The role of powder metallurgy in dispersion-strengthened alloy development.* Interscience Publishers, 1961. – S. 253–265

[28] BENJAMIN, J. S.: Mechanical Alloying - A Perspective. In: *New Materials by Mechanical Alloying Techniques*, 1988, S. 3–18

[29] BENJAMIN, J.: Mechanical Alloying. In: *Scientific American* (1976), S. 40–48

[30] GILMAN, G. S.; BENJAMIN, J. S.: Mechanical Alloying. In: *Annual Review of Materials Science.* 13 (1983), S. 279–300

[31] CAPDEVILA, C.; MILLER, U.; JELENAK, H.; BHADESHIA, H. K. D. H.: Strain heterogeneity and the production of coarse grains in mechanically alloyed iron-based PM2000 alloy. In: *Materials Science and Engineering A* 316 (2001), Nr. 1-2, S. 161–165

[32] REGLE, H.; ALAMO, A: Secondary recrystallization of oxide dispersion strengthened ferritic alloys. In: *Journal de Physique IV* 3 (1993), S. 727–730

[33] CAPDEVILA, C.; CHEN, Y. L.; JONES, A. R.; BHADESHIA, H. K. D. H.: Grain Boundary Mobility in Fe-Base Oxide Dispersion Strengthened PM2000 Alloy. In: *ISIJ International* (2003), Nr. 5, S. 777–783

[34] DOHERTY, R. D.; HUGHES, D. A.; HUMPHREYS, F. J.; JONAS, J. J.; JENSEN, D. J.; KASSNER, M. E.; KING, W. E.; MCNELLEY, T. R.; MCQUEEN, H. J.; ROLLETT, A. D.: Current issues in recrystallization: a review. In: *Materials Science and Engineering A* 238 (1997), Nr. 2, S. 219–274

[35] RÖSLER, J.; HARDERS, H.; BÄKER, M.: *Mechanisches Verhalten der Werkstoffe*. 2. Aufl. Teubner, 2006. – S. 185, 189 ff., 203 ff., 383–407

[36] HORNBOGEN, E.; WARLIMONT, H.: *Metalle*. 5. Aufl. Springer, 2006. – S. 130 f., 248 ff.

[37] COBLE, R. L.: A Model for Boundary Diffusion Controlled Creep in Polycrystalline Materials. In: *Journal of Applied Physics* 34 (1963), Nr. 6, S. 1679–1682

[38] HERRING, C.: Diffusional Viscosity of a Polycrystalline Solid. In: *Journal of Applied Physics* 21 (1950), Nr. 5, S. 437–445

[39] NABARRO, F. R. N.: Steady-state diffusional creep. In: *Philosophical Magazine* 16 (1967), Nr. 140, S. 231–237

[40] AMIN, K. E.; MUKHERJEE, A. K.; DORN, J. E.: A universal law for high-temperature diffusion controlled transient creep. In: *Journal of the Mechanics and Physics of Solids* 18 (1970), Nr. 6, S. 413–426

[41] RÖSLER, H. J.: *Hochtemperaturkriechen dispersionsverfestigter Aluminiumwerkstoffe*, Uni Stuttgart, Dissertation, 1988

[42] RÖSLER, J.; ARZT, E.: A new model-based creep equation for dispersion strengthened materials. In: *Acta Metallurgica et Materialia* 38 (1990), Nr. 4, S. 671–683

[43] REED-HILL, R. E.; ABBASCHIAN, R.: *Physical Metallurgy Principles*. 3. Aufl. PWS Publishing Company, 1994. – S. 124 f., 256 ff., 360 ff., 383 ff., 894 f.

[44] PARKER, J. D.; WILSHIRE, B.: The Effect of a Dispersion of Cobalt Particles on High-Temperature Creep of Copper. In: *Metal Science* 9 (1975), Nr. 1, S. 248–252

[45] WILSHIRE, B.; LIEU, T. D.: Deformation and damage processes during creep of Incoloy MA957. In: *Materials Science and Engineering: A* 386 (2004), Nr. 1–2, S. 81–90

[46] KOCH, C. C.: Intermetallic matrix composites prepared by mechanical alloying - a review. In: *Materials Science and Engineering: A* 244 (1998), Nr. 1, S. 39–48

[47] RÖSLER, J.; ARZT, E.: Creep in Dispersion Strengthened Aluminium Alloys at High Temperature - A Model Based Approach. In: *New Materials by Mechanical Alloying Techniques*, 1988, S. 279–286

[48] ILSCHNER, B.: *Hochtemperatur-Plastizität*. 1. Aufl. Springer, 1973. – S. 153 ff., 227 ff., 284 ff.

[49] ARZT, E.; GRAHLE, P.: High temperature creep behavior of oxide dispersion strengthened NiAl intermetallics. In: *Acta Materialia* 46 (1998), Nr. 8, S. 2717–2727

[50] HEILMAIER, M.: *Modellkompatible Beschreibung des Kriech- und Zeitstandverhaltens oxiddispersionsgehärteter Nickelbasissuperlegierungen*, Universtiät Erlangen, Dissertation, 1993

[51] FROMMERT, M.: *Dynamische Rekristallisation unter konstanten und transienten Umformbedingungen*, Dissertation, 2008

[52] LAGNEBORG, R.: Bypassing of dislocations past particles by a climb mechanism. In: *Scripta Metallurgica* 7 (1973), Nr. 6, S. 605–613

[53] DUNDURS, J.; GANGADHARAN, A. C.: Edge dislocation near an inclusion with a slipping interface. In: *Journal of the Mechanics and Physics of Solids* 17 (1969), Nr. 6, S. 459–471

[54] SCHRÖDER, J. H.; ARZT, E.: Weak Beam Studies of Dislocation/Dispersoid Interaction in an ODS Superalloy. In: *Scripta Metallurgica* 19 (1985), S. 1129–1134

[55] ARZT, E.; SCHRÖDER, J. H.: High temperature strength of ODS superalloys due to dispersoid-dislocation interaction. In: BETZ, W. (Hrsg.): *High temperature alloys for gas turbines and other applications*, Reidel Publication Company, 1986, S. 1037–1048

[56] KRISHNARDULA, V. G.; SOFYAN, N. I.; GALE, W. F.; FERGUS, J. W.: Joining of ferritic oxide dispersion strengthened alloys. In: *International Symposium of Research Students on Material Science and Engineering*, 2004

[57] LEE, J.-H.: *Mikromechanische Modellierung des Kriechverhaltens der ferritischen oxiddispersionsgehärteten Eisenbasissuperlegierung PM2000*, Universität Erlangen-Nürnberg, Dissertation, 1994

[58] KORB, G.: Problems Related to Processing of Ferritic ODS Superalloys. In: *New Materials by Mechanical Alloying Techniques*, 1988, S. 175–182

[59] KLIMIANKOU, M.; LINDAU, R.; MÖSLANG, A.; SCHRÖDER, J.: TEM study of PM 2000 steel. In: *Powder Metallurgy* 48 (2005), Nr. 3, S. 277–287

[60] KLIMENKOV, M.; MÖSLANG, A.; LINDAU, R.: EELS analysis of complex precipitates in PM 2000 steel. In: *The European Physical Journal Applied Physics* 42 (2008), Nr. 3, S. 293–303

[61] PLANSEE: *Werkstoffinformation PM 2000*

[62] SPECIAL METALS CORPORATION: INCOLOY alloy MA956. 2004. – Forschungsbericht

[63] KLUEH, R. L.; SHINGLEDECKER, J. P.; SWINDEMAN, R. W.; HOELZER, D. T.: Oxide dispersion-strengthened steels: A comparison of some commercial and experimental alloys. In: *Journal of Nuclear Materials* 341 (2005), Nr. 2-3, S. 103–114

[64] REES, M.; HURST, R. C.; PARKER, J. D.: Diffusion bonding of ferritic oxide dispersion strengthened alloys to austenitic superalloys. In: *Journal of Materials Science* 31 (1996), Nr. 17, S. 4493–4501

[65] KRISHNARDULA, V. G.; CLARK, D. E.; TOTEMEIER, T. C.: Joining Techniques For Ferritic ODS Alloys. 2005. – Forschungsbericht

[66] WHITTENBERGER, J.: Creep and tensile properties of several oxide dispersion strengthened nickel base alloys. In: *Metallurgical and Materials Transactions A* 8 (1977), Nr. 7, S. 1155–1163

[67] ZHANG, G.; CHANDEL, R. S.: Solid state diffusion bonding of Incoloy MA 956 to itself. In: *Journal of Materials Science Letters* 22 (2003), Nr. 23, S. 1693–1695

[68] DERBY, B.; WALLACH, E. R.: Theoretical model for diffusion bonding. In: *Metal Science* 16 (1982), S. 49–56

[69] HANCOCK, G. F.; MCDONNEL, B. R.: Diffusion in the intermetallic compound NiAl. In: *physica status solidi* 4 (1971), Nr. 1, S. 143–150

[70] ENJO, T.; IKEUCHI, K.; AKIKAWA, N.: Effect of the Roughness of Faying Surface on the Early Process of Diffusion Welding. In: *Transaction of Joining and Welding Research Institute of Osaka University* 11 (1982), Nr. 2, S. 49–56

[71] MILLER, M. K.; RUSSELL, K. F.; HOELZER, D. T.: Characterization of precipitates in MA/ODS ferritic alloys. In: *Journal of Nuclear Materials* 351 (2006), Nr. 1-3, S. 261–268

[72] HAMILTON, C.: Pressure requirements for diffusion bonding titanium. In: *Titanium Science and Technology* 1 (1973), S. 625–648

[73] MILLER, M. K.; FU, C. L.; LIU, C. T.; HOELZER, D. T.; RUSSELL, K. F.: Nanoclustering in a MA/ODS Ferritic Alloy. In: *Vacuum*

Nanoelectronics Conference, 2006 and the 2006 50th International Field Emission Symposium., 2006, S. 505–506

[74] GÜNTHER, W.-D.; MEHLHORN, H.; WIESNER, P.: *Diffusionsschweissen.* 1. Aufl. Verlag Technik, 1978

[75] GALE, W. F.; BUTTS, D. A.: Transient liquid phase bonding. In: *Science and Technology of Welding & Joining* 9 (2004), S. 283–300

[76] BOBZIN, K.; BOSSE, L.; BRANDENBURG, A.; DILTHEY, U.; ERDLE, A.; FERRARA, S.; LUGSCHEIDER, E.; MAES, M.; POPRAWE, R.; SMOLKA, G.: Transient Liquid Phase Bonding. In: *Montage hybrider Mikrosysteme.* Springer, 2005, S. 65–78

[77] WEISSBACH, W.: *Werkstoffkunde: Strukturen, Eigenschaften, Prüfung.* 16. Aufl. Vieweg, 2007. – S. 63 ff., 391 ff.

[78] ILSCHNER, B.; SINGER, R. F. (Hrsg.): *Werkstoffwissenschaften und Fertigungstechnik: Eigenschaften, Vorgänge, Technologien.* 5. Aufl. Springer, 2010. – S. 165–177

[79] GOTTSTEIN, G.: *Physikalische Grundlagen der Materialkunde.* 3. Aufl. Springer, 2007. – S. 197 ff.

[80] KITTEL, C.: *Einführung in die Festkörperphysik.* 13. Aufl. Oldenbourg Verlag, 2002. – S. 573 ff.

[81] ORTLOFF, S.: *Diffusionsschweissen hochfester Aluminiumlegierungen,* Dissertation, 1995. – S. 12 ff.

[82] BASUKI, W. W.: *Optimierung der Diffusionsschweißparameter von Hastelloy C-22 zur Herstellung von Mikrowärmetauschern,* Forschungszentrum Karlsruhe in der Helmholtz-Gemeinschaft, Dissertation, 2008

[83] PILLING, J.: The kinetics of isostatic diffusion bonding in superplastic materials. In: *Materials Science and Engineering* 100 (1988), S. 137–144

[84] KUCZYNSKI, G. C.: Self-diffusion in Sintering of Metallic Particles. In: *Metals Transactions* (1949), S. 169–178

[85] CALLISTER, W. D.; RETHWISCH, D. G.: *Materialwissenschaften und Werkstofftechnik.* 1. Aufl. Wiley-VCH, 2013. – S. 109 ff., 480 f.

[86] KUCZYNSKI, G.; LESZYNSKI, W. (Hrsg.): *Theory of Solid State Sintering.* Interscience Publishers, 1961. – S. 11–30

[87] COHAN, L. H.: Sorption Hysteresis and the Vapor Pressure of Concave Surfaces. In: *Journal of the American Chemical Society* 60 (1938), Nr. 2, S. 433–435

[88] SAHM, P. R.; EGRY, I.; VOLKMANN, T. (Hrsg.): *Schmelze, Erstarrung, Grenzflächen.* Vieweg, 1999. – S. 387

[89] CAHN, R. W.; CAHN, R. W. (Hrsg.); HAASEN, P. (Hrsg.): *Physical Metallurgy.* 4. Aufl. Nortz-Holland, 1996. – S. 2450

[90] SALMANG, H.; SCHOLZE, H.; TELLE, R. (Hrsg.): *Keramik.* 7. Aufl. Springer, 2007. – S. 317 ff.

[91] HORNBOGEN, E.; WARLIMONT, H.: *Metallkunde: Aufbau und Eigenschaften von Metallen und Legierungen.* 4. Aufl. Springer, 2001. – S. 242 ff.

[92] MACHERAUCH, E.; ZOCH, H.-W.: *Praktikum in Werkstoffkunde : 91 ausführliche Versuche aus wichtigen Gebieten der Werkstofftechnik.* 11. Aufl. Vieweg + Teubner, 2011. – S. 47 ff., 57 ff., 167 ff., 281 ff.

[93] KING, W. H.; OWCZARSKI, W. A.: Diffusion Welding of Commercially Pure Titanium. In: *Welding Journal Supplement* (1967), S. 289–298

[94] GOBRECHT, J.: *Werkstofftechnik - Metalle.* 2. Aufl. Oldenbourg Verlag, 2006. – S. 47

[95] FELDHUSEN, J.; FLEMMING, M.; GOLDHAHN, H.; PAHL, G.; ZIEGMANN, G.; GROTE, K.-H. (Hrsg.); FELDHUSEN, J. (Hrsg.): *Dubbel - Taschenbuch für den Maschinenbau.* 21. Aufl. Springer, 2004. – S. F31

[96] ZHANG, G.; CHANDEL, R. S.: Effect of surface roughness on the diffusion bonding of Incoloy MA 956. In: *Journal of Materials Science* 40 (2005), Nr. 7, S. 1793–1796

[97] SHIRZADI, A. A.; ASSADI, H.; WALLACH, E. R.: Interface evolution and bond strength when diffusion bonding materials with stable oxide films. In: *Surface and Interface Analysis* 31 (2001), Nr. 7, S. 609–618

[98] SHIRZADI, A. A.; WALLACH, E. R.: New method to diffusion bond superalloys. In: *Science and Technology of Welding & Joining* 9 (2004), Nr. 1, S. 37–40

[99] GARMONG, G.; PATON, N.; ARGON, A.: Attainment of full interfacial contact during diffusion bonding. In: *Metallurgical and Materials Transactions A* 6 (1975), Nr. 6, S. 1269–1279

[100] TAKAHASHI, Y.; INOUE, K.: Recent void shrinkage models and their applicability to diffusion bonding. In: *Materials Science and Technology* 8 (1992), S. 953–964

[101] DERBY, B.; WALLACH, E. R.: Diffusion bonding: development of theoretical model. In: *Metal Science* 18 (1984), S. 427–431

[102] GUO, Z. X.; RIDLEY, N.: Modelling of diffusion bonding of metals. In: *Materials Science and Technology* 3 (1987), S. 945–953

[103] PILLING, J.; LIVESEY, D. W.; HAWKYARD, J. B.; RIDLEY, N.: Solid state bonding in superplastic Ti-6Al-4V. In: *Metal Science* 18 (1984), S. 117–122

[104] LEE, C. S.; LI, H.; CHANDEL, R. S.: Stimulation model for the vacuum-free diffusion bonding of aluminium metal-matrix composite. In: *Journal of Materials Processing Technology* 89-90 (1999), S. 344–349

[105] NAKAO, Y.; SHINOZAKI, K.: Transient liquid phase diffusion bonding of iron base oxide dispersion strengthened alloy MA 956. In: *Materials Science and Technology* 11 (1995), Nr. 3, S. 304–311

[106] ZHANG, G.; CHANDEL, R. S.; SEOW, H. P.; HNG, H. H.: Microstructural Features of Solid-State Diffusion Bonded Incoloy MA 956. In: *Materials and Manufacturing Processes* 18 (2003), Nr. 4, S. 599–608

[107] KHAN, T. I.; WALLACH, E. R.: Transient liquid-phase bonding of ferritic oxide dispersion strengthened superalloy MA957 using a conventional

nickel braze and a novel iron-base foil. In: *Journal of Materials Science* 30 (1995), S. 5151–5160

[108] KHAN, T. I.; WALLACH, E. R.: Transient liquid phase diffusion bonding and associated recrystallization phenomenon when joining ODS ferritic superalloys. In: *Journal of Materials Science* 31 (1996), Nr. 11, S. 2937–2943

[109] KANG, C.; NORTH, T.; PEROVIC, D.: Microstructural features of friction welded MA 956 superalloy material. In: *Metallurgical and Materials Transactions A* 27 (1996), Nr. 12, S. 4019–4029

[110] KRISHNARDULA, V. G.; SOFYAN, N.; GALE, W.; FERGUS, J.: Transient liquid phase bonding of ferritic oxide-dispersion-strengthened alloys. In: *Metallurgical and Materials Transactions A* 37 (2006), Nr. 2, S. 497–504

[111] ATES, H.; TURKER, M.; KURT, A.: Effect of friction pressure on the properties of friction welded MA956 iron-based superalloy. In: *Materials & Design* 28 (2007), Nr. 3, S. 948–953

[112] NOH, S.; KASADA, R.; KIMURA, A.: Solid-state diffusion bonding of high-Cr ODS ferritic steel. In: *Acta Materialia* 59 (2011), Nr. 8, S. 3196–3204

[113] WILLIAMS, D. B.; CARTER, C. B.: *Transmission electron microscopy*. Bd. 1: Basics. 2. Aufl. Springer, 2009. – S. 6 ff., 173 ff., 298 ff.

[114] SCHUMANN, H.: *Metallografie*. 9. Aufl. VEB Deutscher Verlag für Grundstoffindustrie, 1974. – S. 52 ff., 58

[115] TREIBER, E.; FRANKE, W. (Hrsg.): *Allgemeines über das Rasterelektronenmikroskop*. Springer, 1993. – S. 1 f.

[116] HEINE, B.: *Werkstoffprüfung*. 1. Aufl. Fachbuchverlag Leipzig, 2003. – S. 88 ff.

[117] HORNBOGEN, E.; SKROTZKI, B.: *Mikro- und Nanoskopie der Werkstoffe*. 3. Aufl. Springer, 2009. – S. 17 ff., 24 ff., 51 ff., 79 ff.

[118] SHACKELFORD, J. F.: *Werkstofftechnologie für Ingenieure*. 6. Aufl. Pearson Studium, 2005. – S. 185 f., 337 ff.

[119] INTERNATIONAL, ASTM: *Standard Guide for Electrolytic Polishing of Metallographic Specimens*. 1993. – E1558-93

[120] KELLY, P. M.; JOSTSONS, A.; BLAKE, R. G.; NAPIER, J. G.: The determination of foil thickness by scanning transmission electron microscopy. In: *physica status solidi a* 31 (1975), Nr. 2, S. 771–780

[121] ALLEN, S. M.: Foil thickness measurements from convergent-beam diffraction patterns. In: *Philosophical Magazine A* 43 (1981), Nr. 2, S. 325–335

[122] HOU, V.: A DigitalMicrograph Script for Crystal Thickness Measurements Using Convergent Beam Electron Diffraction. In: *Microscopy and Microanalysis* 10 (2004), S. 1380–1381

[123] DIN: *Metallische Werkstoffe - Härteprüfung nach Vickers - Teil: 1 Prüfverfahren*. 2006. – DIN EN ISO 6507-1

[124] BÖGE, A. (Hrsg.): *Das Techniker Handbuch*. 15. Aufl. Vieweg, 1999. – S. 586 ff.

[125] DIN: *Prüfung metallischer Werkstoffe; Kerbschlagbiegeversuch; Besondere Probenform und Auswerteverfahren*. 1991. – 1991-04-00

[126] SCHNEIDER, H.-C.; DAFFERNER, B.; AKTAA, J.: Embrittlement behaviour of different international low activation alloys after neutron irradiation. In: *Journal of Nuclear Materials* 295 (2001), Nr. 1, S. 16–20

[127] GAGANIDZE, E.; SCHNEIDER, H.-C.; DAFFERNER, B.; AKTAA, J.: High-dose neutron irradiation embrittlement of RAFM steels. In: *Journal of Nuclear Materials* 355 (2006), Nr. 1–3, S. 83–88

[128] LINDAU, R.; MÖSLANG, A.; RIETH, M.; KLIMENKOU, M.; NORAJITRA, P.: ODS-EUROFER - A Reduced Activation Ferritic Martensitic ODS-Steels for Application in Advanced Blanket Concepts. In: *EUROMAT, Prag (CZ)*, 2005

[129] OKSIUTA, Z.; OLIER, P.; CARLAN, Y. de; BALUC, N.: Development and characterisation of a new ODS ferritic steel for fusion reactor application. In: *Journal of Nuclear Materials* 393 (2009), Nr. 1, S. 114–119

[130] WHITTENBERGER, J.: Elevated temperature mechanical properties and residual tensile properties of two cast superalloys and several nickel-base oxide dispersion strengthened alloys. In: *Metallurgical and Materials Transactions A* 12 (1981), Nr. 2, S. 193–206

[131] SITTEL, W.; BASUKI, W. W.; AKTAA, J.: Diffusion bonding of the oxide dispersion strengthened steel PM2000. In: *Journal of Nuclear Materials* 443 (2013), Nr. 1–3, S. 78–83

[132] FOXMAN, Z.; SOBOL, O.; PINKAS, M.; LANDAU, A.; HÄHNER, P.; KRSJAK, V.; MESHI, L.: Microstructural Evolution of Cr-Rich ODS Steels as a Function of Heat Treatment at 475 C. In: *Metallography, Microstructure and Analysis* 1 (2012), S. 158–164

[133] BAKO, B.; WEYGAND, D.; SAMARAS, M.; CHEN, J.; POUCHON, M.A.; GUMBSCH, P.; HOFFELNER, W.: Discrete dislocation dynamics simulations of dislocation interactions with Y2O3 particles in PM2000 single crystals. In: *Philosophical Magazine* 87 (2007), S. 3645–3656

[134] KRAUTWASSER, P.; CZYRSKA-FILEMONOWICZ, A.; WIDERA, M.; CARSUGHI, F.: Thermal stability of dispersoids in ferritic oxide-dispersion-strengthened alloys. In: *Materials Science and Engineering: A* 177 (1994), Nr. 1-2, S. 199–208

[135] DEEVI, S. C.; SIKKA, V. K.: Nickel and iron aluminides: an overview on properties, processing, and applications. In: *Intermetallics* 4 (1996), Nr. 5, S. 357–375

[136] WHITTENBERGER, J. D.: Creep and residual mechanical properties of cast superalloys and oxide dispersion strengthened alloys. In: *NASA* -TP-1781, E-472 (1981), S. 1–69

[137] WHITTENBERGER, J.: Tensile and creep properties of the experimental oxide dispersion strengthened iron-base sheet alloy MA-956E at 1365 K. In: *Metallurgical and Materials Transactions A* 9 (1978), Nr. 1, S. 101–110

[138] ISSLER, L.; RUOSS, H.; HÄFELE, P.: *Festigkeitslehre - Grundlagen.* 2. Aufl. Springer, 2003. – S. 546

[139] JOHNSON, W.; SOWERBY, R.; VENTER, R. D.: *Plane strain slip line fields for metal deformation processes*. Pergamon Press, 1982

[140] MOORE, W. J.: *Grundlagen der physikalischen Chemie*. 1. Aufl. deGruyter, 1990. – S. 459 ff.

[141] KINGERY, W.; BERG, M.: Study of the Initial Stages of Sintering Solids by Viscous Flow, Evaporation-Condensation, and Self-Diffusion. In: *Journal of Applied Physics* 26 (1955), Nr. 10, S. 1205–1212

[142] JOHNSON, D. L.: New Method of Obtaining Volume, Grain-Boundary, and Surface Diffusion Coefficients. In: *Journal of Applied Physics* 40 (1969), S. 192–200

[143] HANCOCK, J. W.: Creep cavitation without a vacancy flux. In: *Metal Science* 10 (1976), Nr. 9, S. 319–325

[144] BÄKER, M.: *Numerische Methoden in der Materialwissenschaft*. 1. Aufl. Braunschweiger Schriften zum Maschinenbau, 2009 (8). – S. 166

[145] WORCH, H. (Hrsg.); POMPE, W. (Hrsg.); SCHATT, W. (Hrsg.): *Werkstoffwissenschaft*. 10. Aufl. Wiley-VHC, 2011. – S. 175 f.

[146] *http://matcalc.tuwien.ac.at/*

[147] SAUNDERS, N.; MIODOWNIK, A. P.; CAHN, R. W. (Hrsg.): *CALPHAD Calculation of Phase Diagrams*. Pergamon, 1998

[148] LEE, B.-J.; LEE, D. N.: A thermodynamic evaluation of the Fe-Cr-V-C system. In: *Basic and Applied Research: Section I* 13 (1992), Nr. 4, S. 349–364

[149] RAY, S. P.; SHARMA, B. D.: Diffusion of FE59 in Fe-Cr alloys. In: *Acta Metallurgica* 16 (1968), Nr. 8, S. 981–986

[150] MORTIMER, C. E., MÜLLER, U.: *Chemie - Das Basiswissen der Chemie*. 9. Aufl. Thieme, 2003. – S. 499

[151] WEISSE, M.: *Verformungsverhalten und Mikrostruktur einer oxiddispersionsgehärteten Eisenbasislegierung*, Uni Erlangen, Dissertation, 1997

[152] FROST, H. J.; ASHBY, M. F.: *Deformation-mechanism maps: the plasticity and creep of metals and ceramics*. Pergamon Press, 1982

[153] ENGSTRÖM, A.; HÖGLUND, L.; AGREN, J.: Computer simulation of diffusion in multiphase systems. In: *Metallurgical and Materials Transactions A* 25 (1994), Nr. 6, S. 1127–1134

[154] KRISHNARDULA, V.: *Transient liquid phase bonding of ferritic oxide dispersion strengthened alloys*, Auburn University, Dissertation, 2006

[155] SHINOZAKI, K.; KANG, C. Y.; KIM, Y. C.; ARITOSHI, M.; NORTH, T. H.; NAKAO, Y: The Metallurgical and Mechanical Properties of ODS Alloy MA 956 Friction Welds. In: *Welding Research Supplement* 8 (1997), S. 289–299

[156] LINDAU, R.; KLIMENKOV, M.; JÄNTSCH, U.; MÖSLANG, A.; COMMIN, L.: Mechanical and microstructural characterization of electron beam welded reduced activation oxide dispersion strengthened – Eurofer steel. In: *Journal of Nuclear Materials* 416 (2011), Nr. 1–2, S. 22–29

[157] LEGENDRE, F.; POISSONNET, S.; BONNAILLIE, P.; BOULANGER, L.; FOREST, L.: Some microstructural characterisations in a friction stir welded oxide dispersion strengthened ferritic steel alloy. In: *Journal of Nuclear Materials* 386–388 (2009), S. 537–539

[158] ZHOU, Y.; GALE, W. F.; NORTH, T. H.: Modelling of transient liquid phase bonding. In: *International Materials Reviews* 40 (1995), S. 181–196

Danksagung

Diese Arbeit ist am Institut für Angewandte Materialien des Karlsruher Instituts für Technologie, von September 2010 bis Oktober 2013 entstanden. Priv.-Doz. Dr.-Ing. Jarir Aktaa danke ich für die Bereitstellung dieses vielfältigen und zukunftsträchtigen Themas sowie die Betreuung der Arbeit und die Übernahme des Hauptreferats. Für die Übernahme des Korreferats und die hilfreichen Diskussionen danke ich Prof. Dr.-Ing. Martin Heilmaier.

Diese Arbeit ist in das GETMAT (Gen IV and transmutation materials) Projekt des 7. Rahmenprogramms der EU eingegliedert. Ich möchte mich besonders bei der Projekt-Koordinatorin Dr. Concetta Fazio bedanken, die trotz des Umfangs des Projekts nie uns jungen Wissenschaftler aus den Augen verloren hat und viel für unsere Integration und Förderung getan hat. Allen anderen Kollegen des GETMAT Projektes möchte ich ebenfalls für die bereichernden Projekttreffen/Workshops/Summer Schools quer durch Europa danken.

Ohne die Hilfe von Kollegen und Freunden wäre diese Arbeit so nicht entstanden, für diese Unterstützung möchte ich mich bedanken. Mein besonderer Dank gilt Dr. Oliver Weiss, Ute Jäntsch und Dr. Michael Klimenkov, die mir die spannende Welt der Transmissionselektronenmikroskopie gezeigt haben. Daniela Exner danke ich für die Zielpräparation der TEM Lamellen mittels FIB und die Umstrukturierung der Metallographie. Bei Maika Torge möchte ich mich für die Durchführung der Oberflächenrauheitsmessungen bedanken. Für die lehrreichen Diskussionen rund um das Thema Diffusionsschweißen möchte ich Dr. Widodo Basuki danken. Mein weiterer Dank gilt Felipe Guzman für die Matcalc Berechnungen und die vielen Diskussionen. Bei meinem Praktikanten Nolan Poulin möchte ich mich für die kompetente und umfassende Unterstützung bei der Erstellung des Octave-Quellcodes bedanken. Meinen

Zimmergenossen Yiming Wang und Felipe Guzman danke ich für die vielen interessanten Einblicke in die chinesische und kolumbianische Kultur und die produktive Arbeitsatmosphäre. Allen Kollegen am IAM-WBM danke ich für die schöne Zeit innerhalb und außerhalb der Labore.

Mein besonderer Dank gilt meiner Familie und Freunden, die mich immer unterstützt und an mich geglaubt haben sowie eine Riesenhilfe beim Korrekturlesen dieses Manuskriptes waren, vielen Dank.

Karlsruhe, Januar 2014   Wiebke Sittel

Publikationsliste

- **W. Sittel**, W. W. Basuki, J. Aktaa, "Development and optimization of the diffusion bonding process of the ODS steel PM2000" Poster, *International GETMAT Workshop on Structural and Clad Materials for Generation IV and Transmutations Systems* (2013), Berlin, Deutschland

- **W. Sittel**, W. W. Basuki, J. Aktaa, "Diffusion bonding of the oxide dispersion strengthened steel PM2000" *Journal of Nuclear Materials* 443, S. 78-83 (2013)

- **W. Sittel**, W. W. Basuki, J. Aktaa, "Modeling based optimization of diffusion bonding process of the ODS steel PM2000" Poster, *2nd International Conference on Materials for Energy* (2013), Karlsruhe, Deutschland

- T. Weber, M. Stüber, S. Ulrich, R. Vaßen, W. W. Basuki, J. Lohmiller, **W. Sittel**, J. Aktaa, "Functionally graded vacuum plasma sprayed and magnetron sputtered tungsten/EUROFER97 interlayers for joints in helium-cooled divertor components" *Journal of Nuclear Materials* 436, S. 29-39 (2013)

- **W. Sittel**, W. W. Basuki, J. Aktaa, "Diffusion Bonding Of The Oxide Dispersion Strengthened Steel PM2000" Vortrag, *The Nuclear Materials Conference* (2012), Osaka, Japan

- **W. Sittel**, W. W. Basuki, J. Aktaa, "Entwicklung und Optimierung des Diffusionsschweißens von ODS Stählen am Beispiel von PM2000" Vortrag im Workshop *Kompetenzerhaltung in der Kerntechnik, Jahrestagung Kerntechnik* (2012), Stuttgart, Deutschland

- S. W. Kettlitz, S. Valouch, **W. Sittel**, U. Lemmer, "Flexible planar microfluidic chip employing a light emitting diode and a PIN-photodiode for portable flow cytometers" *Lab on a Chip* 12, S. 197-203 (2012)

- **W. Sittel**, W. W. Basuki, J. Aktaa, "Microstructure stability of PM2000 under diffusion bonding conditions" Poster, *DIANA I : 1st International workshop on dispersion strengthened steels for nuclear applications* (2011), Aussois, Frankreich

Schriftenreihe
des Instituts für Angewandte Materialien

ISSN 2192-9963

Die Bände sind unter www.ksp.kit.edu als PDF frei verfügbar oder
als Druckausgabe bestellbar.

Band 1   Prachai Norajitra
             Divertor Development for a Future Fusion Power Plant. 2011
             ISBN 978-3-86644-738-7

Band 2   Jürgen Prokop
             Entwicklung von Spritzgießsonderverfahren zur Herstellung
             von Mikrobauteilen durch galvanische Replikation. 2011
             ISBN 978-3-86644-755-4

Band 3   Theo Fett
             New contributions to R-curves and bridging stresses –
             Applications of weight functions. 2012
             ISBN 978-3-86644-836-0

Band 4   Jérôme Acker
             Einfluss des Alkali/Niob-Verhältnisses und der Kupferdotierung
             auf das Sinterverhalten, die Strukturbildung und die Mikro-
             struktur von bleifreier Piezokeramik $(K_{0,5}Na_{0,5})NbO_3$. 2012
             ISBN 978-3-86644-867-4

Band 5   Holger Schwaab
             Nichtlineare Modellierung von Ferroelektrika unter
             Berücksichtigung der elektrischen Leitfähigkeit. 2012
             ISBN 978-3-86644-869-8

Band 6   Christian Dethloff
             Modeling of Helium Bubble Nucleation and Growth
             in Neutron Irradiated RAFM Steels. 2012
             ISBN 978-3-86644-901-5

Band 7   Jens Reiser
             Duktilisierung von Wolfram. Synthese, Analyse und Charak-
             terisierung von Wolframlaminaten aus Wolframfolie. 2012
             ISBN 978-3-86644-902-2

Band 8   Andreas Sedlmayr
             Experimental Investigations of Deformation Pathways
             in Nanowires. 2012
             ISBN 978-3-86644-905-3

Band 9   Matthias Friedrich Funk
           **Microstructural stability of nanostructured fcc metals during
           cyclic deformation and fatigue.** 2012
           ISBN 978-3-86644-918-3

Band 10   Maximilian Schwenk
           **Entwicklung und Validierung eines numerischen Simulationsmodells
           zur Beschreibung der induktiven Ein- und Zweifrequenzrandschicht-
           härtung am Beispiel von vergütetem 42CrMo4.** 2012
           ISBN 978-3-86644-929-9

Band 11   Matthias Merzkirch
           **Verformungs- und Schädigungsverhalten der verbundstranggepressten,
           federstahldrahtverstärkten Aluminiumlegierung EN AW-6082.** 2012
           ISBN 978-3-86644-933-6

Band 12   Thilo Hammers
           **Wärmebehandlung und Recken von verbundstranggepressten
           Luftfahrtprofilen.** 2013
           ISBN 978-3-86644-947-3

Band 13   Jochen Lohmiller
           **Investigation of deformation mechanisms in nanocrystalline
           metals and alloys by in situ synchrotron X-ray diffraction.** 2013
           ISBN 978-3-86644-962-6

Band 14   Simone Schreijäg
           **Microstructure and Mechanical Behavior of Deep Drawing DC04 Steel
           at Different Length Scales.** 2013
           ISBN 978-3-86644-967-1

Band 15   Zhiming Chen
           Modelling the plastic deformation of iron. 2013
           ISBN 978-3-86644-968-8

Band 16   Abdullah Fatih Çetinel
           **Oberflächendefektausheilung und Festigkeitssteigerung von nieder-
           druckspritzgegossenen Mikrobiegebalken aus Zirkoniumdioxid.** 2013
           ISBN 978-3-86644-976-3

Band 17   Thomas Weber
           **Entwicklung und Optimierung von gradierten Wolfram/
           EUROFER97-Verbindungen für Divertorkomponenten.** 2013
           ISBN 978-3-86644-993-0

Band 18   Melanie Senn
           **Optimale Prozessführung mit merkmalsbasierter
           Zustandsverfolgung.** 2013
           ISBN 978-3-7315-0004-9